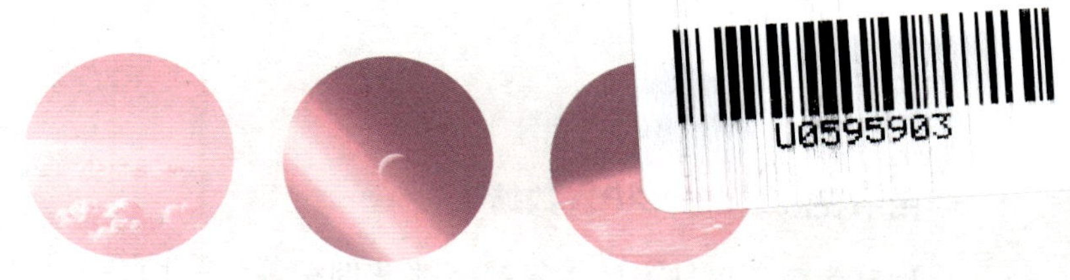

SHENQIDEYUZHOU

神奇的宇宙

地球生命不可缺失的大气层

张法坤◎编著

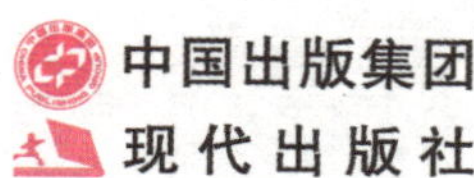

中国出版集团
现代出版社

图书在版编目（CIP）数据

地球生命不可缺失的大气层／张法坤编著．—北京：现代出版社，2012. 12（2024.12重印）

（神奇的宇宙）

ISBN 978－7－5143－0927－0

Ⅰ．①地… Ⅱ．①张… Ⅲ．①大气层－青年读物②大气层－少年读物 Ⅳ．①P421. 3－49

中国版本图书馆 CIP 数据核字（2012）第 275089 号

地球生命不可缺失的大气层

编　　著	张法坤
责任编辑	李　鹏
出版发行	现代出版社
地　　址	北京市朝阳区安外安华里 504 号
邮政编码	100011
电　　话	010－64267325　010－64245264（兼传真）
网　　址	www. xdcbs. com
电子信箱	xiandai@ cnpitc. com. cn
印　　刷	唐山富达印务有限公司
开　　本	710mm×1000mm　1/16
印　　张	12
版　　次	2013 年 1 月第 1 版　2024 年 12 月第 4 次印刷
书　　号	ISBN 978－7－5143－0927－0
定　　价	57. 00 元

前　言

地球，太阳系中一颗蔚蓝色的星球，有着适合于生命生存繁衍的基本条件：和煦的阳光，充裕的水分，清新的大气，等等。地球上的一切生物包括我们人类就生活在大气圈里，空气是维持生命的第一需要，人可以数日不吃饭，几天不喝水，但只要窒息几分钟就有丧失生命之忧。地球若失去了大气层这位保护神的庇护，将成为荒凉死寂的世界。

从宇宙诞生以来，地球大气的形成，经历了一个十分漫长的演化过程，大气在地球引力的作用下，形成一个气圈随地球一起运转。干净的大气是无色、无臭、无味的混合气体。它看不见，摸不着，却有惊人的重量。据计算，地球大气的总质量超过 5×10^{15} 吨，约为地球总质量的 12×10^{-5}（一百二十万分之一）。

大气是地球热量的“调节器”。它好像一床无形的毯子，覆盖在地球的表面，对太阳辐射有缓冲作用，为人类的生存提供了适宜的温度条件。

大气是地球上一切生物的“屏障”。它阻挡了对生物有害的紫外线、X 射线和各种宇宙射线，过滤了大量来自星际空间的流星对地面的袭击。

大气还是一条无形的“运输管道”。它通过与海洋界面的物质交换，并借助其本身的运动，把热量、动量和水汽带到高纬与内陆地区，从而完成生态平衡所必须的循环过程。

大气蕴藏着人类取之不竭、用之不尽的自然资源。仅仅风力发电一项，据估算，全世界的风能总量约 1 300 亿千瓦，中国的风能总量约 16 亿千瓦。我们现在对风能的利用还很不充分，就已经为我们节约了数以亿万吨的化石燃料！

然而，自工业革命，特别是近100多年来，煤、石油和天然气等化石能源在生产和生活中的广泛利用，向大气中排放了大量的二氧化碳、二氧化硫、氧化亚氮、氯氟烃等气体，严重影响了地球生态系统的循环机制，超过了自然界自我更新的容量。导致气候变化无常，酸雨时降，厄尔尼诺和拉尼娜现象相继出现，世界各地水灾旱灾频出；导致温室效应出现，地球变暖，海平面上升，一些大城市面临被淹没的危机；导致人类的保护伞臭氧层有了破洞，人类面临着紫外线和各种宇宙射线的直接危胁；人类每时每刻都在呼吸着空气，大气污染更是严重的危害了人类的健康，产生许多怪病，夺去了无数人的生命。

大气污染，犹如人类用自己的手，扼住了自己生命的咽喉，拯救只能靠人类自己。

防治大气污染，主要包括3个方面：一是组织管理，诸如合理的工业布局、清洁的燃烧方法、集中的供热措施、及时的扩散稀释、合理的交通流量以及丰富的绿化造林等；二是治理技术，包括洁净煤技术、硫酸烟雾的防治以及氟化氢、硫化氢、氰化物的处理等；三是太阳能、风能、生物能、氢能和海洋能等清洁能源的利用与开发，这是防治大气污染的根本出路。

有识之士已经指出：空气污染所造成的损害大大超过治理污染所需的全部费用。治理大气污染，防止大气进一步污染，关系到人类的生存与发展。庆幸的是各国政府已经意识到这一点，正在进行着种种努力；作为我们每一个人，我们在日常的生活中能尽量做到节能减排、低碳生活就是对地球妈妈最大的“爱护”与“孝敬”了。

大气的起源、演化与分层

大气层保护地球生命的方式

大气层中的奇观异象

大气层的破坏与修复

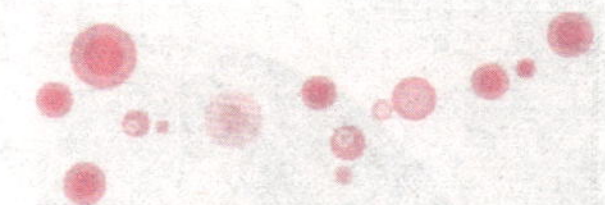

大气的起源、演化与分层

与地球一起诞生的原始大气，大约历时几千万年被强劲的太阳风扫除后，次生大气出现了。次生大气的形成，为水的分解和动植物的产生创造了条件。随着紫外线光解作用和光合反应，大量的氧生成了，进而地球上开始了生物学的里程。氧的形成是现代大气形成的主要标志，它的形成过程与地球上生物的出现和发展密切相关。

发展至今的大气层又叫大气圈，地球就被这一层很厚的大气层包围着。大气层的成分主要有氮气，占 78.1%；氧气占 20.9%；氩气占 0.93%；还有少量的二氧化碳、稀有气体和水蒸气。大气层的空气密度随高度而减小，越高空气越稀薄。大气层的厚度大约在 1 000 千米以上，但没有明显的界限。整个大气层随高度不同表现出不同的特点，分为对流层、平流层、中间层、暖层和散逸层，再上面就是星际空间了。

地球大气的形成过程

地球大气的起源是和地球的起源，以及太阳系的起源密不可分的。

作为太阳系中的一员，地球和整个太阳系的命运是紧紧地联系在一起的。太阳系，最早是银河系中一团星际气体和尘埃物质组成的星云，并围绕着银河系的中心旋转。

地　球

大约在16亿年前，这团星云沿银河系的一个曲臂开始收缩。由于旋臂的缩短，旋转必然加速，就好像在做旋转动作的花样溜冰运动员收拢双臂后转得更快那样。于是整团星云开始坍缩，逐渐坍缩成一个扁平的圆盘。经过一个阶段，圆盘内的物质逐渐聚集到圆盘中央，并在万有引力的作用下，把附近的尘埃颗粒和气体原子也吸引至中心，圆盘中心的质量愈来愈大，温度愈来愈高，从而发生了核反应，于是，圆盘中心质量就演变成了一颗恒星——太阳。

在圆盘中心质量演变为太阳的过程中，离中心质量较远的尘埃颗粒和气体原子，虽然未被吸至中心，但是在引力的作用下，势必绕着圆盘中心质量运转。有些尘埃颗粒和气体原子在运动中，与固体微粒凝聚在一起，形成了团块。这些团块愈变愈大。少数较大的几个团块变成了八大行星，地球就是其中的一个，一些较小的团块，或者变成了小行星，或者被行星捕获而成为行星轨道上的卫星。地球刚从太阳星云盘中分化出来并凝聚成均质球体时，它就集结并吸附了宇宙中的主要成分，如氢、氦和星际尘埃物质等。

当时，地球这个年幼行星的表面，受到太空飞来陨石之类物质的袭击，全身“伤痕累累”。这些物质在与地球碰撞结合时，把动能转化为热量。另外，正在成长中的地球，因为重力收缩，有相当大的能量以热的形式释放出来。而在地球内部，放射性元素铀和钍的衰变，也放出了大量的热。这样，地球内部的温度便开始升高了。

随着地球内部温度的升高，各种物质的可塑性越来越大，大到一定限度，便开始熔融，从而产生了重力分选。重物质（铁和镍等）逐渐向地心沉降，轻物质则漂浮上来。最重的物质，汇集地球深处，构成地核；较轻的物质，形成熔融的地幔；地幔中最轻的物质上升到地表，形成凝固的岩石圈——地壳。

与地球一起诞生的原始大气，大约只历时了几千万年就被强劲的太阳风扫除了。这主要是由两个因素促成的：一是强烈太阳风把邻近太阳的行星外围的较轻气体分子不断吹开并消失到宇宙深处；二是地球刚形成时质量不大，引力较小，加上增温引起分子热运动加剧，氢、氦这些低分子量的气体终于摆脱了地球的束缚而逃逸到空间去了。后来，温度有所下降，地表冷凝成薄薄的固体。这时，内部高温促使火山活动频繁，原始大气便逐渐为次生大气（火山爆发出的挥发性气体）所代替。

次生大气主要成分是二氧化碳，还有甲烷、氮、水蒸气、硫化氢、氨等具有较重分子量的气体，它们也许刚从"母亲"的怀抱中出来，眷恋情深，不愿逸去，便形成了地球的二次大气。地球的水圈也是在这个阶段由水蒸汽冷凝降落而形成的。原始水圈逐渐扩展为现在的汪洋大海和江湖沼泽。次生大气的二氧化碳和其他气体，逐渐被雨水融解降落到地下，渗入到地壳之中。

前面提到，原始大气是在地球形成的过程中，由于重力场的作用，把原始太阳星云中的一部分气体吸引到地球周围造成的。这个大气圈的组成，与现代大气圈的组成大不相同，它没有氧，没有氮，也没有二氧化碳，而是由氢、氦、氖、氨、氩、甲烷、水汽等共同组成的。

原始大气的量很大，单是氢一项，就相当于现在构成固态地球的4个基本要素，即镁、硅、铁和氧的总量的400倍之多。然而，有趣的是，原始大气在地球形成后，不久就消失殆尽了。这是因为那时地球内部的铁核心尚未形成，地球还没有磁场，强劲的太阳风把没有地球磁场保护的原始大气"吹"跑了。因此，在地球历史的早期，一度没有大气。

以后，在漫长的岁月里，大气经过复杂的生消过程，又进一步演化。

演化中的造气过程包括：1. 火山活动，以及通过造岩物质融化后的结晶和凝固时释出的气体；2. 水汽的光致离解产生氧；3. 光合作用产生氧；4. 放射性元素铀和钍的衰变产生氦；5. 放射性元素钾的衰变产生氩；6. 在太阳风中，主要由质子和电子组成的高温电离气体，有极小一部分冲破地球磁场的屏障，进入次生大气的高层。

演化中的除气过程包括：1. 高层大气的氢和氦挣脱地球引力进入宇宙空间；2. 煤和石油的生成吸收二氧化碳；3. 碳酸盐类（$CaCO_3$ 和 $MgCO_3$）生成时吸收二氧化碳；4. 氢、铁、硫等元素氧化时消耗氧；5. 通过空气中氧化物的形成，以及在土壤中变成硝化细菌或消耗氧。在地球46亿年的历史中，绝大部分时间火山活动都在起作用，而且是大气中水、二氧化碳和氮的主要发源地。

原始大气消失后，通过上述种种过程，演化成次生大气。次生大气的形成，又为水的分解和动植物的产生创造了条件。

随着紫外线光解作用和光合反应，大量的氧生成了，进而地球上开始了生物学的里程。氧的形成是现代大气形成的主要标志，它的形成过程与地球上生物的出现和发展密切相关。

这是因为光合反应生成的碳水化合物，是植物生命中形成细胞的糖类分子的基本构成部分。在40亿年前的最初阶段，它与次生大气中的其他元素、物质结合，在雷电、火山等条件下生成了单细胞。这时光合反应还是一个充分存在逆反应的过程，因此产生单细胞的还原性大气是一个无氧的环境。

在30亿~20亿年前的第二阶段，原始生命——单细胞的藻类发展到开始通过光合反应释放极少量的氧（植物吸进二氧化碳，呼出氧气），从而破坏了大气的还原性平衡。此时，海洋有效地阻挡了致命的紫外辐射，使原始生命在海水中繁衍开来。最后，高空氧逐渐增多，在光解作用下产生了臭氧。它使透过大气的紫外线大为减少，促使植物进至海洋上层，增加了光合反应机会，促使植物生命大大发展。随着这种相互间的增益过程，直至4亿年前，生命终于跨过漫长的岁月，登上了大陆。大气也演变为今天的以氮、氧为主的现代大气。可见，生命正是在大气的参与和保护下，通过以光合作用为主的复杂过程而形成的。

臭氧层的形成有利于地球上的植物迅速繁殖和发展，又使地球上大气中的氧和二氧化碳的含量大大增多，经过几十亿年的过程就形成了现在的大气层。

现代大气是看不见、嗅不到，但是人类和一切生物都离不开它的。一个人几天不吃东西还可以活着，但是，几分钟不呼吸就会死亡。

在我们头顶上10~12千米的地方空气最多，约占整个大气层空气总重量的 80%。越往上空气越稀薄，在 800 千米以上的高空，那里的空气呈离子状态。人们曾经以为，空气是单一的物质，只是在进入 20 世纪以后，才确切地知道了空气是什么。

从“体积”和“质量”两种不同的角度看现代的空气，它的成分是：

名　称	按体积计算	按质量计算
氮气	78%	75.3%
氧气	21%	23.2%
二氧化碳	0.03%	0.05%
惰性气体	0.94%	1.3%
其他	0.03%	0.018%

空气的成分因地区等客观条件不同而不一样，有时会有很大的差别。例如在繁华的城市街道，在人员密集的公共场所，二氧化碳、灰尘、细菌的含量比较多，而在人迹稀少的山区和草木繁茂、鸟语花香的公园里，空气就新鲜、洁净得多。有人做过测算，在一些公共场所，每立方米空气中细菌含量可高达 400 万个，而在公园里仅有 100 个，林区还不到 55 个，幽静的林区和喧闹的公共场所，空气里的细菌含量相差 7 万多倍呢！

我们每个成年人每天大约要呼吸 1 万升空气，如今世界上已有 70 亿人口，每天需要多少氧气？种类繁多、数量庞大的各种动物、植物的呼吸作用也需要大量的氧气；工业的发展，煤、天然气、石油产品的燃烧更是消耗氧气的大户。长此以往，地球上的氧气岂不就要消耗殆尽了吗？早在 1898 年，英国的一位科学家就曾预言：“随着工业的发达和人口的增多，500 年以后，地球上所有的氧气将被用光，人类将趋于灭亡。”如今，100 年过去了，地球上并没有出现这种可怕的情景。

不过，由于世界人口剧增，工业高度发展，加之人们对保护自然生态环境的重要性认识不足，对森林大肆砍伐，使绿色植被遭到了不同程度的破坏，而自然生态环境的破坏，必然直接或间接地对人类的生活和安全造成危害。人类对大气污染现象已到了不可等闲视之的地步了。

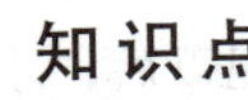

知识点

光合作用

光合作用是绿色植物和藻类利用叶绿素等光合色素和某些细菌（如带紫膜的嗜盐古菌）利用其细胞本身，在可见光的照射下，将二氧化碳和水（细菌为硫化氢和水）转化为有机物，并释放出氧气（细菌释放氢气）的生化过程。植物之所以被称为食物链的生产者，是因为它们能够通过光合作用利用无机物生产有机物并且贮存能量。通过食用，食物链的消费者可以吸收到植物及细菌所贮存的能量，效率为10%～20%左右。对于生物界的几乎所有生物来说，这个过程是它们赖以生存的关键。而地球上的碳氧循环，光合作用是必不可少的。

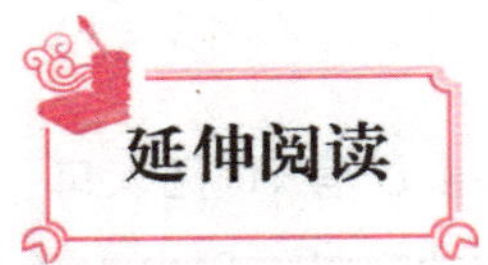

延伸阅读

发现氧气

1774年英国化学家J·普里斯特列和他的同伴用一个大凸透镜将太阳光聚焦后加热氧化汞，制得纯氧，并发现它助燃和帮助呼吸，称之为“脱燃素空气”。瑞典舍勒用加热氧化汞和其他含氧酸盐制得氧气虽然比普里斯特列还要早一年，但他的论文《关于空气与火的化学论文》直到1777年才发表，但他们二人确属各自独立制得氧。1774年，普里斯特列访问法国，把制氧方法告诉拉瓦锡，后者于1775年重复这个实验，把空气中能够帮助呼吸和助燃的气体称为oxygene，这个字来源于希腊文oxygenēs，含义是“酸的形成者”。因此，后世把这三位学者都确认为氧气的发现者。

另外，值得一提的是，氧气的中文名称是清朝徐寿命名的。他认为人的生存离不开氧气，所以就命名为“养气”即“养气之质”，后来为了统一就用“氧”代替了“养”字，便称之为“氧气”。

行星大气与生命

我们在探索生命的过程中，常常会想到一个问题：生命的本质及其存在的条件是什么？

生命是蛋白体的存在方式。蛋白体，实际上包括蛋白质和核酸，它们是由碳、氢、氧、氮等元素构成的大分子。每一个蛋白质分子和每一个核酸分子，都包含着大量的原子。碳和其他元素组成高度复杂的结构，在其周围特定条件的影响和作用下，最后转化为生命。这些特定的条件：一是适当的温度，二是液态的水分，三是适宜的大气。离开这些条件，生命就不会存在和发展。

大气对地球演化休戚相关。例如，地球上的水圈，就是地球内部在高温条件下，分化出来的气体（大部分是水汽）遇冷，凝结，变雨汇集而成的。因此，如果没有大气，地球上就不会有水，没有大气和水，也就不可能有生命。

当人类庆幸地球大气给予生命以莫大恩赐时，或许会想到天外的行星吧？它们是否也得到了这种恩赐？天外大气是否也在谱写生命的“摇篮曲”呢？

先看看我们的近邻火星吧！我国古代又叫它荧惑。红红的地表，荧荧似火，令人迷惑。火星外表有一层稀薄的大气。这些气体在某些地区可形成约 60 微米的降水，偶尔有由风引

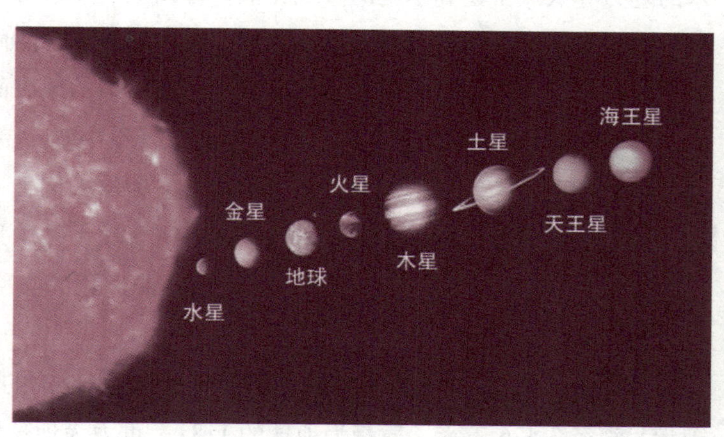

太阳系八大行星

起的黄色尘土和罕见的水滴冰块云。然而这样单薄的卫士，挡不住太阳的强紫外福射，水分子被分解成氢和氧。氢分子量小，向高空散逸；氧则和地面上的物质化合为氧化物，造成现在所看到的大量红色氧化物——岩石和土壤。难怪“水手9”号宇宙飞行器曾拍摄到火星上干涸的“河床”。也许，火星曾有过生命，但在大气愈来愈稀薄，水分愈来愈少的漫长过程中毁灭了。然而火星可能有地下水，低等生命是否灭绝还没有最后定论。

金星外表有一层较厚的大气，延伸200千米。它的表面为黄色，这是因为有一层浓厚的（厚约30千米）主要由硫酸雾组成的云层。大气的保温效应和云层温室作用，又加上距离太阳较近，致使金星表面温度高达480℃。在这样的高温下，不可能有液态水存在，光合反应无法进行。但有些研究机构认为其大气上部约1/5范围内尚适合生命存在，并模拟金星大气，在试验室中造出了甲烷、甲醛、甘氨酸等有机物，从而认为大气中可能有简单的飘浮生命。

人们称水星为神灵的使者，传说它还是医生、商人的保护神。水星表面的温度为-200℃~400℃，这是因为它像月亮一样，总以笑脸对着我们。遗憾的是，水星丢失了大量的引力，因而除了或许存在的极少量的氩等重分子气体外，其他气体都逸去了，生命当然也就不复存在。

美妙的土星，以它绚丽的彩环而骄傲，它像一个金盘镶嵌着珍珠，以其艺术的魅力夺人。土星和木星的大气相似，都以氢、氦为主。土星大气中有浓厚的凝固氨和冰晶细粒组成的云层。它们都有内部热源，然而并没有发现生命的迹象。这是因为土星和木星的主体呈液态，在所谓的地表面，却是个高温高压的地方。1655年发现的土卫六，被认为是诸行星中唯一有大气的卫星。大气成分可能由甲烷、乙烷、乙炔、氢等组成。它曾给人们带来幻想。但是，美国的“旅行者”1号从万里之遥发回的资料表明，其大气压是地球的1.5倍，表面温度却只有-180℃。因而，对这个生命不能进化的极冷世界，人们的兴趣已大为减少。

月球是地球唯一的卫星，最近的邻居。月球距地球的平均距离为384 401千米。直径3 476千米，质量为地球的1/81，重力为地球的1/6。月球上有广阔的平原，有数以万计的、大小不等的环形山，那儿没有空气，没有水。因为没有大气进行调节，月球表面白天和黑夜的温度相差很大；在赤道地区，正午岩石温度高达 132℃，夜间则降低到 -137℃。美国宇航员的登月考察证实，月球上既无飞鸟走兽，又无树木花草，是个找不到任何生命痕迹的死寂世界。自古以来，我国民间流传的嫦娥奔月，不过是美丽的神话、诗人的梦境而已。

土卫六是土星的卫星。它有稠密的大气层，是太阳系中唯一具有丰富大气的卫星。其大气层比地球大气层稠密得多，大气平均分子量为 28.6，表面大气压为 1 500 ±100 百帕，是地球的 1.5 倍，表面温度只有 -180℃。土卫六被一层高空霾所包围，霾层以下 100 千米是悬浮颗粒层。土卫六的大气成分，有分子氮、氩、甲烷、氢、乙烷、丙烷、乙炔、乙烯、氰化氢、丙炔腈、氰、丁二炔、丙炔等。其中主要是分子氮，约占 82% ~94%，其次是氩，约占 12%，其他气体的含量极微。

在土卫六大气中，由于化学反应而产生的某些有机分子如氰化氢等，已被认为如同当时地球生命的前兆一样。在 30 亿年前，氰化氢可能曾在地球上的腺嘌呤之类化合物的化学反应中起过作用。腺嘌呤是 DNA（脱氧核糖核酸）的一种成分，对地球上的生命是不可缺少的。土卫六大气，非常类似所有行星形成后不久都可能存在的那种状态：大气中有氮、碳、氢 3 种基本成分，但没有氧。虽然现在尚未证实土卫六大气中有生命存在，但至少存在着生命的前驱。

如果太阳系中除地球外，还有哪个天体可能存在生命的话，那么，表面覆盖着 5 千米厚冰层的木卫二是最有希望的星球了。木卫二是木星的卫星，比月亮要小一些，轻一些；她那洁白的“皮肤”，柔和的“色调”，给人以美的享受。木卫二表面温度为 -173℃，尽管她是如此“冷酷”，但她的性格却非常温和，很可能有生命的活力。她有一张“小嘴”，吐露着生命的信息。这张小嘴就是木卫二表面上的大裂缝：宽 70 千米，长 1 600 千米，深数千米。美国航宇局艾姆斯研究中心的科学家雷诺和史夸尔斯，在 1982 年 12 月中旬举行的美国地球物理联合会的一次会议上宣称：那条大裂缝内可能有生命存在，因为那儿受到足够的阳光照射，具备生命存在的压力和温度条件，并且还有大量的水。

他们认为，那儿的生命形式可能是微小的细菌有机体和单细胞植物，类似地球南极地区的冰层下的生命（如藻类生物）。这个报告引起了与会科学家的极大兴趣。

看来，行星大气并不都孕育着生命。这是因为生命的形成有着许多条件和复杂的原因。有趣的是，近年来发现了与大气、甚至与阳光无关的生命。1979年3月，美国一海洋考察队在墨西哥西面1 700米以下洋底，亲眼看到洋底火山口周围生活着贝、蟹类和其他动物群落。

近年加拿大一探险队又在厄瓜多尔西部2 500米深海发现了“绿洲”。那里生活着许多海虫、蛤等海生生物。在那样的深海，不存在大气和阳光作用下生成的植物，它们靠什么维持生命呢？原来，是靠一种纯化学反应生成的低等植物生活。洋底火山口周围的热水中存在大量氢硫化物，那里还有一种特殊的细菌，通过纯化学反应，它们可依赖氢硫化物进行新陈代谢，从而发育成低等生命。这一发现，也为探索其他星球的生命起源，开辟了一个有价值的途径。

知识点

蛋白质

蛋白质是生命的物质基础，没有蛋白质就没有生命。因此，它是与生命及与各种形式的生命活动紧密联系在一起的物质。机体中的每一个细胞和所有重要组成部分都有蛋白质参与。蛋白质占人体重量的16%～20%，即一个60kg重的成年人其体内约有蛋白质9.6～12kg。人体内蛋白质的种类很多，性质、功能各异，但都是由20多种氨基酸按不同比例组合而成的，并在体内不断进行代谢与更新。

蛋白质缺乏与过量

蛋白质，尤其是动物性蛋白摄入过多，对人体也是有害的。首先，过多的动物蛋白质的摄入，就必然摄入较多的动物脂肪和胆固醇。其次，正常情况下，人体不储存蛋白质，所以必须将过多的蛋白质脱氨分解，氮则由尿排出体外，这加重了代谢负担，而且，这一过程需要大量水分，从而加重了肾脏的负荷。过多的动物蛋白摄入，也造成含硫氨基酸摄入过多，这样可加速骨骼中钙质的丢失，易产生骨质疏松。

蛋白质的缺乏常见症状是代谢率下降，对疾病抵抗力减退，易患病，远期效果是器官的损害，常见的是儿童的生长发育迟缓、体质下降、淡漠、易激怒、贫血以及干瘦病或水肿，并因为易感染而继发疾病。蛋白质的缺乏，往往又与能量的缺乏共同存在即蛋白质—热能营养不良，分为两种，一种指热能摄入基本满足而蛋白质严重不足的营养性疾病，称加西卡病；另一种即为“消瘦”，指蛋白质和热能摄入均严重不足的营养性疾病。

大气层的垂直分层

由于地心引力的作用，才使得空气质点聚集在地球周围，构成大气层，并随着地球的运动而运动。

人们登山，越到高处，呼吸越感到困难，这一事实表明，在地球表面附近大气是密集的，随着高度的增加，空气变得稀薄起来，越往上越稀薄。根据实测，大气质量的98%集中在30kg以下的低层大气中，在离地36～1 000km的大气内只占总质量的1%，在700～800km高度处，气体分子之间的距离可达几百米远，这种情况远超过近代实验室中所获得的真空。但无论哪个高度都不

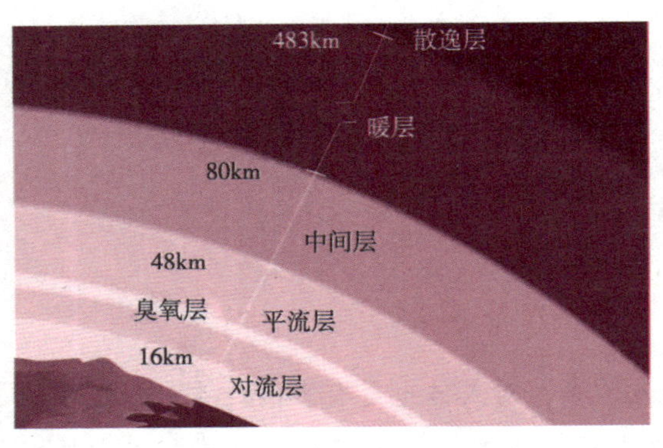

大气垂直分层

会绝对真空，即使在地球以外的宇宙空间内，也不是绝对真空的，因此，在地球大气与星际空间之间并不存在一个“界面”把它们截然分开。

虽然如此，我们还是可以通过物理分析确定一个最大高度来说明大气的垂直范围。通常把“极光”出现的最大高度定为大气的上界，其数值为1 000～1 200km。如果根据人造卫星探测到的资料推算，那么，大气上界大约在2 000～3 000km的高度上。

根据观测证明：大气在垂直方向上的物理性质是有显著差异的。根据温度、大气成分、电荷等物理性质，同时考虑到大气的垂直方向的运动等情况，可将大气分为5层，即对流层、平流层、中间层、暖层和散逸层。

1. 对流层

靠近地面的大气层叫对流层。对流层的厚度随纬度和季节而变化，在低纬度地区约17～18km，在中纬度地区约10～12km，在高纬度地区约8～9km。夏季对流层厚度比冬季大，对流层的平均厚度约10～12km。对流层虽是大气层中极薄的一层，但在这一层里却集中了大气质量的3/4和几乎全部的水汽和杂质。对流层，由于它下面热，上面冷，“头重脚轻”空气很不稳定，容易上下翻滚，造成空气对流。所以也有人把对流层叫“翻覆层”。对流的结果，使上层空气均匀混合，热量、水汽和往上输送，从而引起了各种天气活动。主要天气现象如雷电、风、云、雨、雪、雾等都出现在这一层，这一层与人类活动关系最为密切。

对流层有3个主要特征：

(1) 气温随高度的增加而降低。平均每升高100米气温约降低0.65℃。对流层顶部的气温，在低纬度约为－80℃，高纬度约为－50℃。对流层中，在一定条件下，有时也会出现气温随高度的上升而升高的现象，这种现象叫逆温。逆温能阻碍大气垂直运动的发展，对天气有一定影响。

（2）空气有明显的对流运动。由于地表面加热不均，下面的暖空气不断上升变冷，上部的冷空气不断下沉来补充，形成上下层空气不停地对流，使近地面的热量、水汽和杂质易于向上输送，这对成云致雨有重要的作用。

（3）温度、湿度沿水平方向分布不均。在寒带大陆上的空气，因缺乏水源和受热少，空气干而冷，在热带海洋上的空气，因水汽充足受热多，空气暖而湿。

在对流层内按气流和天气现象分布的特点，又可分为下层、中层、上层3个层次。

下层（又叫摩擦层）：它的范围是自地面起到1~2km高度，但随季节和昼夜不同而变化，夏季的范围大于冬季，白天的范围大于夜间。在这一层里，由于气流受地面摩擦作用较大，通常随着高度的增高，风速增大，风向右转（北半球），气温受地面热力作用影响大，故有明显的日变化。由于本层的水汽、尘粒含量较多，因而低云、雾、霾、浮尘等出现频繁。

中层：它的下界是摩擦层顶，上界高度约为6km。它受地面影响比摩擦层小得多，气流状况基本上可表征整个对流层空气运动的趋势。大气中的云和降水大都产生在这一层内。

上层：它的范围从6km的高度伸展到对流层的顶部。这一层受地面的影响更小，气温常年都在0℃以下，水汽含量较少，各种云都由冰晶和过冷水滴组成。在中纬度和热带地区，这一层中常出现风速等于或大于30米/秒的强风带，即所谓急流。

此外，在对流层和平流层之间，有一个厚度为数百米到1~2km的过渡层，称为对流层顶。这一层的主要特征是，气温随高度而降低得很慢，或者几乎为等温，平均而言，它的气温在低纬度地区约为-83℃，在高纬度地区约为-53℃。对流层顶对垂直气流有很大的阻挡作用，上升的水汽、尘粒多聚集其下，使得那里的能见度往往较差。

2. 平流层

自对流层顶到55km左右为平流层。平流层中水汽、尘埃的含量较少，空气比对流层稀薄得多，空气基本上没有垂直对流，主要是做水平运动。在平流层中，随着高度的增高，气温最初保持不变或略有上升，到25km以上，气温随高度增加而显著升高，到55km高度上可达 -3℃ ~17℃。平流层这种气温分布的特征是和它受地面温度影响很小，特别是存在着大量臭氧能够直接吸收太阳辐射有关。虽然25km以上臭氧的含量已逐渐减少，但这里紫外线辐射的作用很强烈，温度随高度得以迅速增加，造成显著的暖层。

3. 中间层

自平流层顶到85km左右为中间层。这层的特点是温度随高度的增加而迅速地降低，空气有相当强烈的垂直运动。在中间层的顶部气温降到 -83℃ ~ -113℃，其原因是由于这一层中几乎没有臭氧，而氮和氧等气体所能直接吸收的波长更短的太阳辐射又大部分已被上层大气吸收掉了。在该层80km的高度上，有一个只在白天出现的电离层，叫做D层。在电离层中，空气处于电离状态，能够反射无线电波。

4. 暖层

暖层位于中间层顶到800km高度。这一层的空气极其稀薄，例如在270km的高度上，空气的密度约为地面空气密度的一百亿分之一，整个暖层的空气质量只占大气总质量的0.5%。暖层有两个特点：

（1）随高度的增高气温迅速升高，根据人造卫星的观测，在300km高度上，气温可达到1 000℃以上。这是因为所有波长小于0.175um的太阳紫外线辐射，都为该层中氧原子所吸收的缘故。

（2）空气处于高度电离状态，故暖层又称为电离层。据探测，暖层中各高度上空气的电离程度是不均匀的，其中最强的两层是位于100 ~120km处的E层和200 ~400km处的F层。因此，在远距离无线电通讯中，这一层具有重要的意义。

5. 散逸层

在800km以上的大气层统称为散逸层。它是大气的最高层。据研究，这一层的气温随高度的增加而升高。本层是大气到星际空间过渡的区域。由于温度高，空气质点运动很快，又因距地较远，地球引力作用很小，所以这一层的主要特点是大气质点经常散逸到星际空间中去。这里的大气极其稀薄，几乎完全处于电离状态。其成分是空气中最轻的元素氦和氢。

知识点

地心引力

地球本身有相当大的质量，所以也会对地球周围的任何物体表现出引力。拿一个杯子举例，地球随时对杯子表现出引力，杯子也对地球表现出引力。地球的质量太大了，对杯子的引力相对自身质量来说也就非常大，加速度也就比较大，所以，就把杯子吸引过去了，这个力的方向就是向着地球中心的方向，即是地心引力。

科幻电影《大气层消失》

《大气层消失》是冯小宁在1990年执导的一部科幻电影，剧情讲述的是人类进入了1990年，距1999年那个世界大灾难的预言越来越近。一起列车劫持案，造成3节黄色罐车的剧毒品泄漏，烧穿了某地区上空的大气臭氧层，使全球的生命危在旦夕。大气卫星监测站发现此情况，紧急组织专家调查污染源，提出控制措施，并严格封锁消息。某住宅楼的一个男孩忽然发现自己能听懂动物语言，他的大白猫告诉他这个可怕的消息，但当男孩告诉人们时，却没人相信。

该片获第十一届“金鸡奖”（1991 年）导演特别奖；“铜牛奖”最佳影片奖；1994 年南斯拉夫国际环保、体育、旅游电影节银松奖。

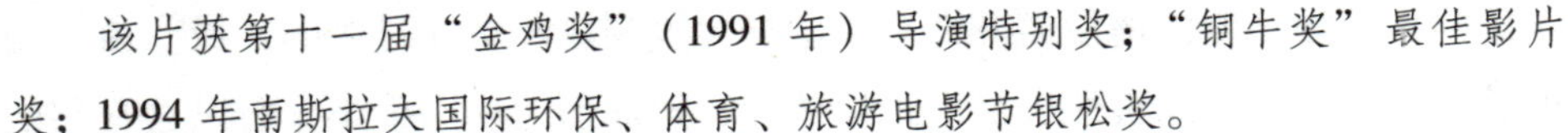

大气层的电离分层

如果按大气的电学性质分层，可将大气分为电离层和非电离层。由地面至 60 千米高度范围内，大气中的各成分基本上处于中性状态，这一范围叫做非电离层。60 ~ 2 000 千米的高层大气，因受太阳紫外辐射和 X 射线辐射的影响而发生电离，产生大量的离子和自由电子，从而变成了带电粒子与未电离的中性粒子的混合气体。其中，大量的自由电子足以对无线电波的传播产生显著影响，所以这一范围叫做电离层。

1. 电离层的反射功能

电离层好比一面高悬空中的巨大镜子，它把地面投射来的高频无线电波反射到地球曲面以下的其他一些地方，并经过多次反射而完成远距离的通讯。所以我们坐在家里，能从收音机里听到来自五大洲的声音，真是“秀才不出门，能知天下事”了。

但是，电离层对无线电波的反射，要受到通讯频率的限制，亦即只对短波有效。如果频率太高，例如甚高频和超高频，则将穿透电离层，而起不到反射的作用。因此，地面与人造卫星或宇宙火箭的通讯联系要选用微波波段，才能畅通无阻地穿过电离层。

大量的探测资料表明，在电离层的各个高度上，大气电离程度是不同的。高层大气物理学家，常用电子浓度或电子密度，来表示大气的电离程度。根据电子浓度随高度分布及其变化的特性，电离层大致可以分成 D、E、F 三个层次，但在夏季白天，F 层常分裂成为 F_1 和 F_2 两层。

D 层这是电离层的最低层，又叫 D 区，其高度范围为 60 ~ 90 千米。这一区域的大气成分与地面大气差不多。这些成分在太阳莱曼 - a 辐射的作用下发生电离，产生氧离子、一氧化氮离子和自由电子。由于这一区域的大气比较稠密，电子与离子的碰撞频率较高，碰撞后复合成中性粒子，所以白天的电子密度每立方厘米约为 100 ~ 10 000 个。电子密度随着高度增加和不同的地方时间而不同，而且夏季大于冬季，太阳活动高年大于太阳活动低年。

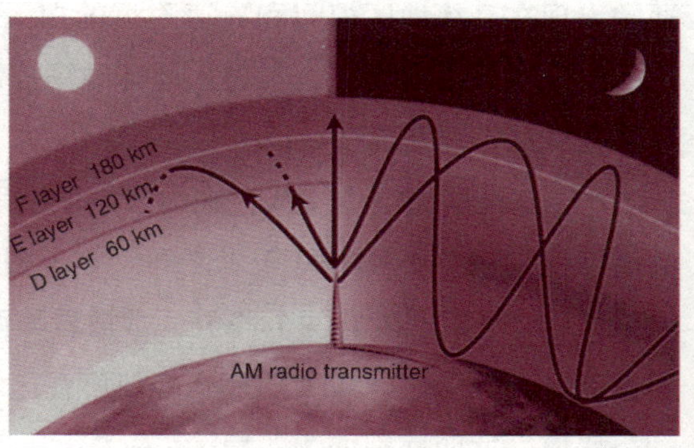

电离层的分层

正因为这里的大气较稠密，电子与中性粒子、离子的碰撞频次很高，所以高频无线电波在该层的衰减是相当严重的。但是，在夜间，由于没有太阳莱曼 - a 辐射，电子浓度变小，甚至可以忽略不计，这时对短波通信的干扰也就大大减少了。

也许你会问，在夜间没有太阳真空紫外辐射，电子与离子碰撞后又复合成中性粒子，那么 D 层应该消失才是，为什么夜间反而有利于短波通讯呢？这是因为，这里还有一些电子没有机会与离子碰撞，从而保持了该层的一定的电离程度；另一方面，能量为 1 兆 ~100 兆电子伏（即 100 万 ~1 亿电子伏）的宇宙线质子，进入地球磁场控制区域后沉降下来的，能量大于 1 万电子伏的电子，以及来自银河系的宇宙辐射，也可以使该层的气体粒子电离。例如，在中纬度地区的 D 层最下部分，主要就是由于银河宇宙辐射而引起电离的。

E 层全称叫肯内利 - 赫维赛层，又叫 E 区。这是一个高度为 90 ~ 140 千米的区域。形成 E 层的主要电离辐射是波长为 8 ~ 104 埃的太阳软 X 射线、1 000 ~ 1 500 埃的太阳极紫外辐射。由于那儿的大气成分主要是氧和一氧化氮，所以，在电离辐射作用下，产生氧分子离子，一氧化氮离子和大量的自由电子。这一层，白天最大的电子密度约为每立方厘米 10 万个，并随太阳天顶角（例如，地方时间为中午时电子密度达最大）和太阳活动而变化。到了夜间，电子密度下降，约降至每立方厘米 200 ~ 10 000 个。这一层，白天和夜间始终是存在的。

在 100 千米高度附近，E 层的电子浓度有较大的扰动。这一扰动层只有几千米厚，叫做偶现 E 层。它的电子浓度可达上下邻层的两倍之多。偶现 E 层，通常出现在高纬地区夜间和赤道附近的白天，在中纬度地区夏季较冬季多见。这一层电子深度的增高，与进入地球磁场控制区域后沉降下来的太阳风带电粒子所携载的电急流有关。

F 层这是电离层中持久存在的、电子浓度最高的一层，也叫 F 区。这一层的高度范围在 140 ~ 2 000 千米之间。电子密度最大值约在 300 千米高度。夏季白天，F 层电子密度有两个峰值，常被看作两层，较小的那个峰值所在的区域叫做 F_1 层或 F_1 区，较大的那个峰值所在区域叫做 F_2 层或 F_2 区。夜间，只有一个峰值，这两层则变为一层。

F 层虽是夏季白天在 F 层下部分裂出来的层次，但在春、秋季有时也有出现。这一层的高度范围为 140 ~ 200 千米。形成这一层的主要电离辐射，是波长约 304 埃的太阳电磁辐射（属于太阳极紫外辐射）。该层的电子密度，随太阳天顶角和太阳活动而变化，并且在不同地磁纬度上电子密度不同，在磁纬 ± 20 度电子密度达最大，在磁赤道达最小。

F_2 层是电离层中持久存在的一层，又叫阿普尔顿 - 布雷德伯里层，其高度范围约为 200 ~ 2 000 千米。形成这一层的电离辐射是波长为 200 ~ 900 埃的太阳极紫外辐射。该层电子密度约在每立方厘米 1 万 ~ 800 万个之间变化着，并且不同的季节和不同的地磁纬度的电子密度分布也不同，此外亦随太阳活动而变化。由于 120 千米高度以上氧分子开始离解，300 千米高度以上氮分子开始离解，所以 F_2 层的主要成分是氧原子离子和一氧化氮离子。

其实，电离层并没有明显的上边界。D 层和 E 层通常合在一起称为低电离层，F 层最大电子浓度所在高度以上的区域通常叫做高电离层。

此外，E 层具有较高电导率，当中性大气运动带动电离成分在地磁场中运动时，就产生电流，所以也叫做发电机层或发电机区。

2. 电离层的扰动

太阳活动可以引起电离层的很大扰动：太阳耀斑爆发，可以引起持续几个小时，乃至几天的全球性电离层扰动，这在极区尤为明显，称之为电离层暴；来自扰动太阳风的、能量大于 2 万电子伏的电子，可使 100 千米高度以下大气电离度增加，在极区周围尤为明显，叫做电离层亚暴；太阳色球耀斑爆发时，辐射出的大量紫外线和X射线，可使电离层低层电离度剧增引起电离层突然骚扰，使地球向阳半球的短波和部分中波无线电信号立即衰减，甚至完全中断达数分钟至数十分钟之久；太阳耀斑爆发时喷射出的，能量达500万～2 000万电子伏的高能质子，可使极盖地区D层电子密度剧增，持续一两小时，此时通信中断，叫做极盖吸收事件；太阳活动极强时，极区短波通信甚至可中断数天至数周。

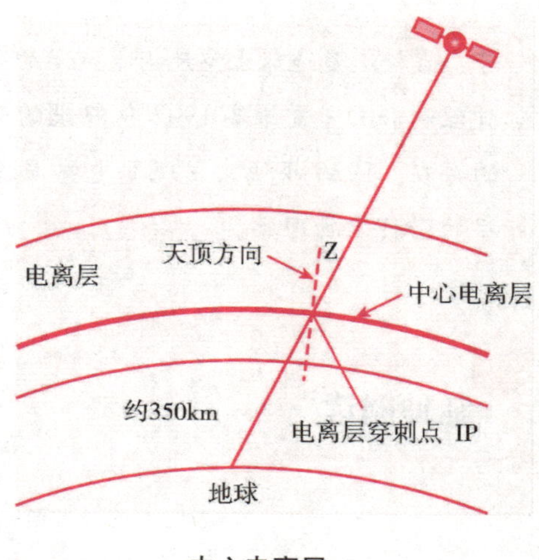

中心电离层

幸亏电离层不反射甚高频和超高频，使我们可以选用微波波段，通过人造卫星来转播电视、电话、电报、电传打字和无线电广播。我们在电视里，能看到远在西班牙举行的世界杯足球赛，就是利用微波能穿透电离层，到达36 000千米上空的对地同步卫星，从而通过卫星转播下来的。不过，人造卫星微波通信，仅适用于和平时期。由于反卫星卫星和反卫星激光武器的出现，在战争期间，卫星也是可以被打下来的。因此，电离层通信仍然是一种必备的重要通讯手段。

知识点

阿普尔顿

阿普尔顿（1892—1965），英国物理学家。1913年取得剑桥大学学位，1939—1949年任英国科学和工业研究部大臣，此后任爱丁堡大学校长。一战时应征入伍，从事无线电工作。战后在巴内特的协助下，通过相距112千米的发射机和接收机，利用发射机的慢调频产生一系列最大和最小的接收信号，直接测量地球上空反射电离层的高度，从而在1924年证实了英国A·E·肯涅利和O·亥维赛1902年假设的电离层（E电离层，高110~120千米）的存在。1926年他又发现F电离层，称阿普尔顿电离层，为此获得了1947年的诺贝尔物理学奖。

延伸阅读

伦琴发现X射线

1895年11月8日晚，伦琴陷入了深深的沉思。他以前做过一次放电实验，为了确保实验的精确性，他事先用锡纸和硬纸板把各种实验器材都包裹得严严实实，并且用一个没有安装铝窗的阴极管让阴极射线透出。可是现在，他却惊奇地发现，对着阴极射线发射的一块涂有氰亚铂酸钡的屏幕（这个屏幕用于另外一个实验）发出了光。而放电管旁边这沓原本严密封闭的底片，现在也变成了灰黑色——这说明它们已经曝光了！

这个一般人很快就会忽略的现象，却引起了伦琴的注意，使他产生了浓厚的兴趣。他想：底片的变化，恰恰说明放电管放出了一种穿透力极强的新射线，它甚至能够穿透装底片的袋子。不过还不知道它是什么射线，于是取名“X射线”。

大气最外面的保护层——磁层

磁层是电离层的一部分，但说不出磁层开始的明确高度。一般认为，地球磁场对电子运动有决定性影响的那部分电离层就叫做磁层。几十年前，不少人认为大气层外是渺无一物的太空。那时候，只有少数地球物理学家，从北极光和日地关系的研究中意识到，大气层外可能存在着对人类活动有重要影响的物理环境。20世纪30年代初，著名英国地球物理学家查普曼预言，当太阳发射的带电微粒流经过地球时，由于地球磁场的排斥作用，在地球周围会形成一个由地磁场控制的区域，在区域边界，太阳微粒流的动压与地球磁场的磁压相等。这个区域就是磁层。30 年后，查普曼的预言被人造卫星的测量证实了，于是诞生了一门新兴的学科——磁层物理学。

1. 磁层的结构

几十年来，上百颗人造卫星在磁层的里里外外进行了详尽的测量。磁层，看上去像什么呢？磁场的外形近似于一个向阳端为半球的长圆柱体。平时，它的顶部离地心约十几个地球半径，即七八万千米，它的尾部长约 1000 个地球半径，即六百多万千米。

磁层具有复杂的结构，充满着各种不同能量的带电粒子。在宁静条件下，能量在 1 万电子伏以上的质子估计有 33×10^{29} 个，磁层发生剧烈扰动时可增加 10～100 倍。这些带电粒子会不断地注入高层大气，或者逃逸至行星际空间。在宁静时期，磁层带电粒子注入高层大气的速率约为 10^{23} 个/秒；当磁层发生剧烈扰动时，这个数字可增加 100 倍。

这么多的带电粒子是从哪儿来的呢？一个来源是高温电离的连续太阳微粒流——太阳风。另一个来源是在极区沿磁力线向上运动的电离层离子流——极地风。所有的带电粒子能量都很高，如果折合成温度的话，少则 1 万℃，多则可达 6 000 万℃。这是热层气体粒子所望尘莫及的。

2. 磁层暴

当太阳表面出现耀斑时，太阳风的密度、速度、温度、成分，以及它作为等离子体所携带的磁场都发生重大变化，磁层也就随之扰动，发生所谓的磁层暴或磁层亚暴。

这时，在增强了的太阳风的压力下，磁层顶的高度退缩到只有原来的一半，离地心只有六七个地球半径了。这意味着：磁层体积的突然缩小，磁层内部结构便随之发生急剧的变化。在这种情况下，大量高温等离子体由磁尾涌入内磁层，就会引起一些为大家所熟悉的现象了：大量高能带电粒子注入高层大气并使之电离和激发，从而我们在地面上可以看到绚丽多彩的极光（即极光亚暴）；大量高温等离子体侵入磁层，引起磁层、电离层电流突然变化，使地磁场发生急剧扰动，航海罗盘指针就摇摆不定（即磁暴或磁亚暴）了；注入高层大气的大量带电粒子造成电离层的附加电离，使反射短波的电离层发生剧烈扰动（即电离层暴和电离层亚暴）。

3. 地球大气的保护层

磁层是地球辐射带的框架，臭氧层的保护者，也是人类生存的大气最外面的保护层。如果没有磁层，高速太阳风会把臭氧层吹走，甚至还会把大气低层渐渐地吹走的。没有磁层，人类能生存下去吗？

磁层又是洲际导弹和人造卫星的主要活动区域。但是磁层中的高能粒子，会破坏人造卫星上的太阳电池和电子器件，使卫星不能正常工作，并对在高空活动的宇航员构成严重的威胁。当发生磁层暴或磁层亚暴时，电离层受到剧烈的扰动，短波无线电通信就发生严重干扰甚至中断，而且，在地面长导线中，还会产生很强的感应电流，引起电缆通信严重故障和输电系统变压器烧毁。1972 年的一次特大磁层暴，曾使美国北部各大城市一度陷于一片漆黑之中。磁层中的物理过程，对低层大气中的雷暴和卷云的形成等，都可能有重要影响。

由此可见，对磁层的研究十分必要。所以，国际科联日地物理专门委员会在 1976—1979 年，组织了为期 4 年的全球性的磁层研究协作——国际磁层研究。这次国际协作取得了丰硕的研究成果。

知识点

磁　暴

磁暴即当太阳表面活动旺盛，特别是在太阳黑子极大期时，太阳表面的闪焰爆发次数也会增加，闪焰爆发时会辐射出 X 射线、紫外线、可见光及高能量的质子和电子束。其中的带电粒子（质子、电子）形成的电流冲击地球磁场，引发短波通讯中断所称磁暴。磁暴时会增强大气中电离层的游离化，也会使极区的极光特别绚丽，另外还会产生杂音掩盖通讯时的正常讯号，甚至使通讯中断，也可能使高压电线产生瞬间超高压，造成电力中断，也会对航空器造成伤害。

电磁场与人的健康

世界卫生组织1996—2000年的“电磁场与人的健康”国际科学规划指出，诸如癌症、行为发生变化、失忆、帕金森综合征和老年性痴呆、艾滋病以及包括自杀率上升等其他诸多现象都是电磁场影响的结果。

人体内就数神经系统、免疫系统、内分泌系统和生殖系统的细胞对磁场的作用最敏感。在电磁场的作用下，神经系统内细胞间的信息传递系统失灵，大脑的整个工作瘫痪，最后导致行为变异、失忆和对周围发生的事件无法进行正确的判断。电磁场一分钟或一小时的作用所引起的过程可以在神经系统延续好几个星期和几个月。经研究发现，凡长期接触电磁场的人，即使强度不大，都会变得神经紧张。任何磁场都具有对人的生命系统组织起到破坏作用的频率和振幅渠道，从而加速人的衰老。即使是人能逃避电磁场的影响，但也于事无补。因为人体细胞能“牢记”电磁场的影响，而后者的生物效应又习惯于积累，所以它们往往会引起神经系统的退化，还会引发白血病、激素分泌功能紊乱，可能还会引发肿瘤。

不容忽略的忽略层

也许你对“忽略层”这个名词比磁层还陌生吧？这个术语是从高层大气物理学界来的。忽略层没有明确的高度范围，但至少可包括平流层的上半部和中间层的全部。就在这几十千米厚的大气层内，发生着极其复杂的，过去很少有人问津的，而现在也才开始引起注意的各种过程。这一高度范围，恰好在无线电探空仪的升限之上，在人造卫星的运行高度之下，所以是当今大气实测资料最为缺乏的层次。

1. 光化学反应

忽略层的大气光化学反应非常复杂，迄今已知的不下200余种，未知的也许更多。这些反应，既与太阳紫外辐射、太阳X射线、极光带沉降粒子有关，也与那儿的大气成分有关，还与对流层向上输送的化学成分有关。

在对流层中，火山爆发和森林火灾是产生一氧化二氮（N_2O）、甲烷（CH_4）、氟碳甲烷（CH_2CF）、氯甲烷（CH_2C1）和水汽等化学成分的自然源，而工业生产和交通运输等人类活动则是产生这些成分的人工源。这些成分由对流层向上输送至平流层，通过太阳紫外辐射的照射，在那儿发生光化反应，形成悬浮在大气中的微小颗粒，数以年计地悬浮在平流层大气中。现已查明，它们的主要成分是硫酸，在20千米左右的高度有一层硫酸盐悬浮颗粒。这些颗粒能吸收和散射太阳光。它们随时间和空间的变化，会影响到地面的气候。

2. 全球大气电路

在过去几十年中，气象学界对地面到60千米高度的大气电学性质是了解不多的。这一层大气，在某种程度上是导电的。从十几千米高度开始，电导率随高度呈指数增长，到60千米高度增至很大，以致电位梯度减至很小，形成等位面——电离层的底部。这个等位面就好比一个球面电容器的外壳，地球表面就好比内导体，两者之间存在着一个漏电介质——大气。

日常见到的雷暴活动就好比是个充电电阻，充电电流由雷雨云顶流至电离层，使电离层电位相对于大地保持在+250千伏左右。在晴天地面上空，回流的传导电流流经这个“全球电路”中的“负载电阻”。可以想象，当这样一个电路中充电电阻发生变化的时候，电离层电位和晴天电场强度就会发生变化，也就是说，当出现雷暴活动或“雷暴发电机”上空大气电导率增高时，电离层电位和晴天电场强度就会发生变化。

那么，什么东西能使大气电导率增高呢？已知有某些粒子辐射和电离辐射，其中主要是太阳耀斑高能粒子，还有极光沉降高能粒子与六七十千米高空大气中原子、分子相互碰撞产生的X射线（又叫X射线韧致辐射）。这两种辐射均出现在太阳活动期间，虽然通量不大，但最大时可使某一高度的大气电导率增高100倍。然而，雷暴发电机上空电阻只要下降50%，那儿的电流就可增强45%，从而导致电离层电位和晴天电场强度增加45%。电离层电位和晴天电场强度，在雷暴起电过程中起着重要作用，而全球雷暴活动的总能量对大气环流来说是有重要意义的。

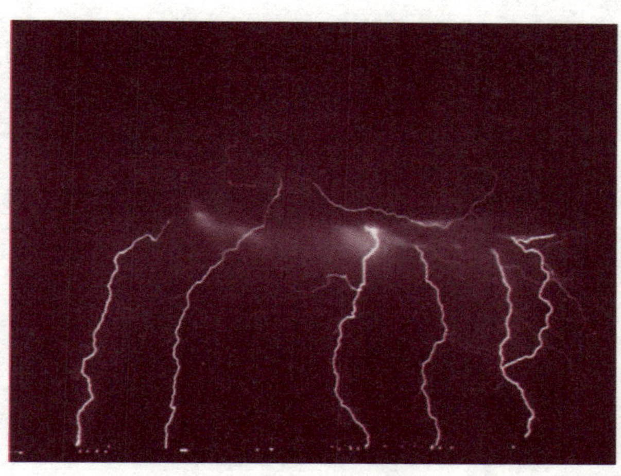

雷暴活动

上述可能发生在忽略层中的种种过程，过去都被人们忽略了。现在，人们注意研究忽略层，进而了解太阳活动、地球活动和人类活动对忽略层的影响，以及忽略层反过来对天气、气候和人类生活的影响。从现在起，忽略层已不再被人们忽略了。但忽略层既然以此得名，估计这个名词也不会在大气科学的发展史上就此消失。

知识点

雷暴

雷暴是伴有雷击和闪电的局地对流性天气。它通常伴随着滂沱大雨或冰雹，而在冬季时甚至会随暴风雪而来，因此属强对流天气系统。在古老的文明里，雷暴有着极大的影响力。雷暴的持续时间一般较短，单个雷暴的生命史一般不超过2小时。我国雷暴是南方多于北方，山区多于平原。多出现在夏季和秋季，冬季只在我国南方偶有出现。雷暴出现的时间多在下午。夜间因云顶辐射冷却，使云层内的温度层结变得不稳定，也可引起雷暴，称为夜雷暴。

延伸阅读

大气科学

大气科学是研究大气的结构、组成、物理现象、化学反应、运动规律，以及如何运用这些规律为人类服务的一门学科。属地球科学的一个组成部分。研究对象主要是覆盖地球的大气圈，以及太阳系其他行星的大气。由于影响大气运动的自然因素和人为因素的许多不确定性，导致大气运动呈现出既有规律性又有随机性的特征。大气科学的主要分支学科有：大气探测、气候学、天气学、动力气象学、大气物理学、大气化学、人工影响天气、应用气象学等。

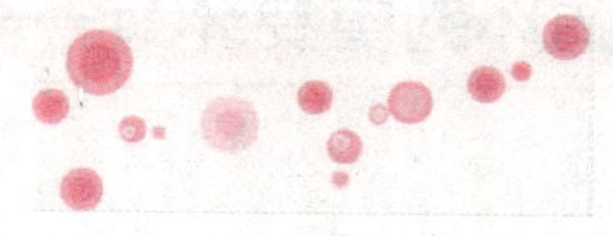

大气层保护地球生命的方式

在地球引力作用下，大量气体聚集在地球周围，形成了大气层，它就像地球生命的保护神，以各种高妙的手段护佑着生活其中的人类与一切生物。

水汽扩散与水汽输送，是地球上水循环过程的重要环节，是将海水、陆地水与空中水联系在一起的纽带。

云能凝雪化雨，它可以吸收从地面散发的热量，并将其反射回地面，使地球保持一定的温度；同时也将太阳光直接反射回太空，起到降温作用。

风是农业生产的环境因子之一。风可传播植物花粉、种子，帮助植物授粉和繁殖。风能是分布广泛、用之不竭的能源。

气温可以表征一个地方的热状况特征，气温的测定无论在理论研究上，还是在国防、经济建设的应用上都是不可缺少的。

1643 年，托里拆利发现了大气压力，为牛顿和其他科学家研究重力奠定了基础。而气压对人体的生理和心理健康都有重要影响。

大气环流是完成地球－大气系统角动量、热量和水分的输送和平衡，以及各种能量间的相互转换的重要机制，同时又是这些物理量输送、平衡和转换的重要结果。

水循环的重要环节——水汽

大气中的水汽来自江、河、湖、海及潮湿物体表面的水分蒸发及火山喷发，并借助于空气的垂直交换向上输送。一般来说空气中的水汽含量是随高度的增加而减少，也随纬度的增加而减少，就体积来说，其改变程度可以从0～4%。虽然水汽仅占大气总体积的0～4%左右。但分布十分集中，主要集中在2～3千米以下的底层。在1.5～2千米高处，仅是近地面水汽的1/2。在5千米高处是地面的1/10。水汽随高度上升迅速减少。

水汽密度小于大气（$\rho_{水}/\rho_{气}=0.622$），但为什么又集中在大气的底层呢？这是因为大气下层离蒸发源近；另外气温在对流层随高度递减，水汽上升到一定高度会发生凝结，变成液体和固体凝结物（雨、雪、雹、霰等），降落到地面。再者，对流层顶有逆温层，阻挡了对流的发展，也影响了水汽向高层输送。所以水汽虽然比大气轻，但很难进入大气的上层。水汽的水平分布也很不均匀。一般来说，低纬度大于高纬度，海洋上大于陆地上。

水汽含量还有季节变化，如夏季大于冬季。水汽在天气变化中扮演了一个十分重要的角色。大气中正因为有了水汽才有了云、雨、雪、雹等天气现象。水汽还具有吸收地面长波辐射（4.5～80微米）的能力，而对太阳短波辐射却无能为力，大部分能透过。所以水汽和玻璃一样，对地面起到保温作用，也叫温室效应。

水由气态变为液态的过程称为凝结。水汽直接变为固态的过程称为凝华。

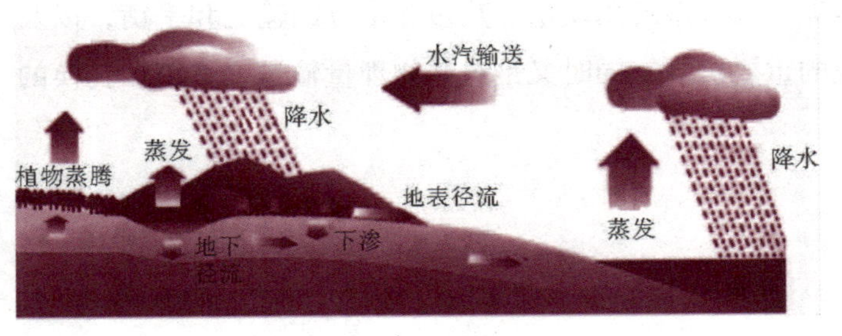

水汽输送示意图

大气中水汽凝结或凝华的一般条件是具有凝结核和使空气达到过饱和状态（e＞E）。

一般说，在大气中只要水汽压接近饱和水汽压时，就会发生凝结。但是在实验室里却发现，在纯净的没有杂质的空气中，水汽过饱和到相对湿度为300%～400%时，也不会发生凝结，这时，如果投入具有吸水性的微粒，便立即发生凝结。这是因为水汽分子很小（约10^{-8}cm），仅有水汽分子聚集起来的水滴起初也很小，它的饱和水汽压很大，实际大气中的水汽往往不能使它处于饱和状态，即使形成了也很快地被蒸发掉。如果有吸湿性微粒，由于它比水汽分子大得多，同时，吸收水汽分子后所形成的是溶液水滴，因而所形成的水滴的饱和水汽压比较小，容易存在和壮大。可见吸水性微粒对大气中水汽的凝结具有重要的作用。

大气中能促使水汽凝结的微粒，叫做凝结核。它们有的是海水浪花蒸发后遗存于大气中的微小盐粒，有的是硫和氮的氧化物，有的是由地面扬起的灰尘微粒。大气中凝结核的多寡随地区有很大的差异，例如，海洋上1cm^3的空气中含有近千个，而在工业区1cm^3空气中则有几十万个。凝结核的数目还随高度的增加而减小。大气中，当凝结核的数目多而且吸湿性能好时，相对湿度即便是小于100%，也可以发生凝结。所以，大工业区出现雾的机会比一般地区要多一些。

水汽的凝华和凝结一样，也要有一个核心。能促使水汽凝华的质点，叫做凝华核。大气中水汽的凝华，主要是发生在小冰粒或者包有冰衣的微粒上。

要使大气中的水汽发生凝结（凝华），除了必须具有凝结核以外，最主要的条件是饱和差等于负值，也就是空气要达到过饱和状态。使空气达到过饱和状态的途径不外有两种：通过蒸发作用增加空气中的水汽，使水汽压超过当时温度下的饱和水汽压；或者通过冷却作用减小饱和水汽压，使它小于当时的实有水汽压。当然也可以是这两种途径共同作用的结果，这主要是通过空气的混合作用来实现的。

看似白烟的水汽柱

在一定温度条件下，一定体积空气中只能容纳一定量的水汽。如果水汽量正好达到或超过了空气能够容纳水汽的限度，这时的空气叫做饱和或过饱和空气。已经饱和的空气中，水不再蒸发，晾的衣服也干不了。夏天遇到这种天气，人体分泌的汗水不易蒸发，使人感到闷热得难以忍受；而冬天遇到这样的天气，又会感到非常阴湿和寒冷。空气中湿度太小，同样会使人感到不舒服。南方人初到北方，会感到口干唇裂，甚至出鼻血，这是因为北方空气干燥，突然换了个环境，一时不能适应的缘故。

表示空气湿度的方法有多种，最常见的有水汽压、绝对湿度、相对湿度、饱和差、露点。

1. 水汽压（e）

水汽和一切气体一样，对四周产生压力，而水汽混和在大气之中，因此通常所说的大气压力，实际上是纯净的干空气压力和水汽压力之和。水汽压是气压的一部分，空气中水汽含量愈多，水汽压也就愈高。空气中所能容纳的水汽含量，在一定温度下是有限度的，如果水汽含量未达到这个限度，这时空气处于未饱和状态，叫做不饱和空气；如果水汽含量超过这个限度，这时空气处于过饱和状态，叫做过饱和空气，多余的那一部分水汽就会发生凝结而变为液体或凝华而变为固体。如果水汽含量恰巧达到这个限度，这时空气处于饱和状态，叫饱和空气。饱和空气的水汽压叫饱和水汽压（E）。

饱和水汽压的大小与空气的温度有直接的关系，饱和水汽压随温度的升高而加大，而且温度越高，饱和水汽压加大的也越快。夏季的温度要比冬季高得多，所以夏季空气中所能容纳的水汽要比冬季多得多。当气温低于0℃时，饱和水汽压不但因温度不同而有差异，而且也因凝结表面是水面或冰面而有不同。在同一零下的气温中，冰面的饱和水汽压比水（过冷水）面的饱和水汽压要小。当气温0℃时冰面饱和水汽压和水面饱和水汽压相等，但在－20℃时，冰面饱和水汽压就要比水面饱和水汽压低0.2hPa，所以当空气中同时存在冰和过冷却水的凝结表面时，对冰面来说空气已达到饱和状态而有多余的水汽凝华在冰面上，但对过冷却水来说还未达到饱和，这种情况，对高空大气中的凝结过程有很大的作用。

2. 绝对湿度（a）

绝对湿度是指一定温度下空气中所含水汽的绝对量，以克/米^{3}为单位。它能直接表示出空气中水汽的绝对含量，空气中的水汽含量越多，绝对湿度就越大。它的单位用字母表示为mg/L即每立方米含水克数。如水汽压的单位取毫米水银柱，绝对湿度与水汽压有如下的关系：

$$a = \frac{289e}{T} \ (g/m^3)$$

前面说过，空气中能容纳的水汽量与温度有关，在一定温度下，空气中最大水汽含量叫做饱和湿度（见表1），不同温度下的饱和湿度不同。

表1　不同温度下的饱和湿度

温　度（℃）	最大水汽含量（克/立方米）
40	51.2
30	30.4
20	17.3
10	9.4
0	4.9
-10	2.4
-20	1.1

大气中的绝对湿度，一般随纬度和高度的增加而减少。低纬的热带海洋上空，绝对湿度可达26克/米^3；而北极大陆上的干冷空气中，绝对湿度却只有零点几克/米^3。绝对湿度的季节变化也很明显，一般是夏季大，冬季小。

3. 相对湿度（r）

相对湿度是空气中的实际水汽含量（绝对湿度）与同温度下的饱和湿度（最大可能水汽含量）的百分比值。它只是一个相对数字，不表示空气中湿度的绝对大小。它与温度有密切关系。例如，大气中的绝对湿度为4.9克/米^3，如果这时的温度为0℃，则相对湿度为100%；如果这时的温度升高到10℃，相对湿度就降为52.1%。再举一个生活中的例子，来说明相对湿度的大小与温度密切相关。冬天在烧木炭取暖的房间里，空气的相对湿度很低，如果室外的气温是-10℃，相对湿度是100%，这时把室外空气引入室内，并使之增热到 20℃时，相对湿度便只有 13.9% 了。

因此，相对湿度只表示空气距离饱和的程度。空气饱和时，相对湿度等于 100%；不饱和时，小于 100%；过饱和时，大于 100%。

测量相耐湿度常用毛发湿度表和干湿球温度表。毛发湿度表是西欧最早使用的测湿仪器。脱脂的毛发，在相对湿度由零变到 100% 时，其总长度可变化 2.5%。因此，用毛发作为相对湿度的感应元件是较灵敏的。把毛发与传动机构相连接，能使指针相应地在刻度尺上指示出相对湿度的测值来。

早在公元前 2 世纪的时候，我国就有人用木炭重量变化和琴弦的伸缩来测量空气湿度，这比西欧的毛发湿度表要早 2 000 年左右。干湿球温度表由两支刻度与性能完全一致的温度表组成，其中一支的球部裹以湿润的纱布（湿球），然后适当通风或使温度表旋转。由于水分蒸发要消耗热量，所以湿球温度的读数要比干球温度为低，而且空气愈干燥低得愈多。如果空气中水汽饱和了，湿球水分就不再蒸发，两支温度表的读数便相等。根据干、湿球的温差，在事先制备好的气象常用表上，即可查算出当时的空气湿度。

空气在过饱和状态下是不稳定的，多余的水汽很容易凝结而显出“水”的原形来。例如，在地面附近有一团温度为 20℃的温空气，其中每立方米空气中含有 10 克水汽。当这团空气上升到 3 千米高度时，由于空气团膨胀冷却，它的温度降到 0℃。从湿度表可知，这时空气进入“过饱和”状态。这团空气中，将有 5.1 克水汽凝成微小的云滴，形成一缕白烟。与此过程相反，当一块云下沉时，云体缩小，温度升高，云内空气从饱和状态变成不饱和状态，云滴便逐渐蒸发，云块也就随之消失了。

4. 饱和差（d）

某一温度下饱和水汽压（E）与实际水汽压（e）之差，称为饱和差。饱和差的大小直接表明空气距离饱和的程度。饱和差愈小，就表示空气愈接近饱和。

5. 露点（Td）

当空气中的水汽含量一定时，在气压不变的情况下，降低其温度，使空气逐渐接近饱和，当气温降低到使空气刚好达到饱和时的温度，称为露点温度，简称为露点。

露点的单位与温度相同，可是它的作用却是用来表示空气的湿度。由气温和露点的比较中，可以了解相对湿度的大小，两者相差愈大，相对湿度愈小，两者相差愈小，则相对湿度愈大，若气温、露点相等，就是空气已达饱和，相对湿度为100%。

露点温度可以反映绝对湿度或水汽压的大小，因为露点温度的大小与当时气温无关，而与当时空气中实际水汽含量有关，绝对湿度或水汽压愈大，露点温度也愈高。由于露点能同时反映相对湿度与绝对湿度的大小，所以在天气分析预报中常用它来表示湿度。

上述湿度的各种表示，总起来说，反映的是湿度的两个方面的情况：水汽压、绝对湿度，基本上表示空气中水汽含量的多寡；而相对湿度、饱和差、露点温度则表示空气距离饱和的程度。

知识点

热带

热带，南北回归线之间的地带，地处赤道两侧，位于南北纬23°26′之间，占全球总面积39.8%。本带一年有两次太阳直射现象，回归线上，一年内只有一次直射，而且，这里正午太阳高度终年较高，变化幅度不大，因此，这一地带终年能得到强烈的阳光照射，气候炎热，称为热带。赤道上终年昼夜等长，从赤道到南北回归线，昼夜长短变化的幅度逐渐增大。在回归线上，最长和最短的白昼相差2小时50分。由此可见，在热带范围内，天文现象的纬度差异是极小的。热带的特点是全年高温，变幅很小，只有相对热季和凉季之分或雨季、干季之分。全年温度大于16℃。

延伸阅读

热带雨林气候

热带雨林气候又称“赤道多雨气候”。分布在赤道两侧南北纬10°之间。主要出现在南美洲亚马孙平原、非洲刚果盆地和几内亚湾沿岸、亚洲的马来群岛大部和马来半岛南部。全年高温多雨。太阳辐射年变化小，并由于太阳在一年内的春分、秋分前后两次通过天顶，所以气象要素的年变化都具有双峰型的特点。一年内各月平均气温在24℃~28℃之间变化，年温差一般不超过5℃，尤其是大洋上，通常不超过1℃。气温日变化比年变化大，日较差可达10℃~15℃。但日最高气温很少超过35℃，日最低气温很少低于20℃。全年湿度较高，就亚马孙河下游而言，相对湿度年平均达90%以上。降水充沛，多伴有雷雨，年降水量达1 500~3 000毫米，山地最多达6 000毫米以上。降水的季节分配比较均匀，但个别地区仍有显著差异。如加蓬的利伯维尔从10月至次年5月期间，月雨量200~300毫米，而6、7月每月仅5毫米。另外，在大洋上也会出现干旱少雨地区，如太平洋上的莫尔登岛，年降水量仅730毫米。具有热带雨林气候的高山地区，气温较低，但其年变化仍很小。这些地区，从山麓到山顶，可以出现热带雨林到终年积雪的气候，呈现出类似从赤道到极地的各种自然景观，垂直分布最为丰富多彩。

凝雪化雨的云

云的形成

1. 空气上升成云

大气的压力是随高度的增加而减小的。高原上气压较低，所以初到高原的人们，常常感到不舒适。

在海拔大约5千米的高度上，大气压力就只有地面气压的一半。在大约10千米的高度上大气压力只有地面气压的1/5。当空气块在大气中上升时，它的气压下降，体积膨胀，温度就会降低。大气中空气上升、下沉的范围很大，大的上百千米，小的也有几十米。周围大气中的热量很难传输进去。在物理学上这种同周围环境没有热量交换的变化过程叫绝热过程。

大气中的空气上升运动就接近于绝热过程。根据计算，当空气块垂直上升100米时，由于气压降低，体积膨胀，空气温度下降约1℃。这种温度向上减小的速率叫做干绝热温度递减率。一块空气如果上升1千米，那么它的温度就要下降10℃。这样的冷却速率比大气中其他过程都要大得多。所以空气的上升膨胀冷却是大气中最重要的冷却过程，也是最重要的成云过程。

我们知道，把1克100℃的水加热成水汽要吸收约2 512焦耳热量。这些热量是很大的，它可以把10倍的水提高温度60℃。水汽凝结成水时，又会反过来放出同样多的热量。所以当空气块达到饱和产生凝结后，凝结放出的热量会加热空气块，使空气块上升100米降低的温度不到1℃。气象学把有水汽凝结的空气块在上升时的温度递减率称为湿绝热递减率，一般约为每100米0.6℃，比干绝热递减率要小得多。湿绝热公式首先由凯尔文在1862年提出，为研究自然云形成的宏观规律奠定了理论基础。

空气如果持续上升几千米，它的温度将按干绝热或湿绝热递减率下降几十摄氏度。在这个过程中空气饱和水汽密度大大减小，过剩的水汽逐渐凝结出来，形成大量云滴或冰晶。上升的空气可以把云滴和冰晶托带上升，使它们长期在空中飘浮而不致下降。这样就形成了云体和云系。如果大气中的空气

千变万化的云

下沉，气压就会增大，体积压缩，温度升高，饱和水汽密度增大，水汽达不到饱和状态，云滴、冰晶就蒸发成为水汽，云就趋于消散。所以大气中云的生成和消散过程一般都同空气的上升、下沉运动密切联系着。

云动力学就是研究云中和它周围空气的运动的，它们决定着云的总体生消规律，所以又称为云的宏观物理学，以区别于研究云中细微粒子组成变化的微观物理学。

2. 大气的对流运动

大气中的上升运动可以分成 4 种，这就是对流上升，大范围的辐合上升，地形抬升和大气波动。它们也是形成云体的 4 种主要动力学过程。

先来说说对流上升运动。夏季的阳光把地面晒得很热。近地面空气的温度就不断升高。有的地方，像向阳坡地，空气温度升得快些；有的地方，像湖面，空气温度升高得慢些。温度高的空气块比周围空气轻。这种气块就会向上浮升。周围比较冷的空气就会下沉。这同煮开水相似，锅底发热，使底部的水温升高。锅中心加热最强，水温最高，那里的水就向上浮起，上层较冷较重的水就从四周下沉。冷水在锅底加热后又在中心上升。这样水就在锅里循环，使整锅水都加热了。这种现象叫做“对流”。夏季阳光照射加热的近地面空气像锅底加热的水一样，也会产生对流运动。但是空气对流运动的物理过程比煮开水复杂得多。

空气上升时气压降低，体积膨胀，温度就会下降。如果空气块里的热量同周围大气没有交换的话，那么空气块每上升 100 米，温度就会下降 1℃。现在我们来设想一下，如果大气里的空气温度向上是不变的话，在地面加热较多的空气块能不能一直浮升上去？假设空气块在地面比周围大气温度高 2℃，它就向上浮升，上升 200 米以后，它的温度下降了 2℃。周围大气温度上下是一样的，所以在 200 米高度上空气块的温度就同周围大气一样，它就失去了进一步上升的浮力。如果再向上浮升，空气块的温度比周围大气低，它就要下沉了。所以当大气温度向上不变时，空气的对流运动是不能持续地向上发展的。

现在看看大气的另一种状态：大气中温度向上是减少的，每上升 100 米，温度下降 1℃多。如果地面有一块空气，比周围大气的温度高 2℃，它就向上浮升，上升100米以后，它的温度就下降了1℃。周围大气在100米高度上的温度也比地面下降了1℃。所以这块空气的温度在100米处比周围大气还是高2℃。它就会继续浮升。在这种大气状态下对流会得到发展，气象学上称为热力不稳定状态。如果空气里的水汽达到饱和，产生凝结，由于凝结潜热的释放，气块（云块）的温度就按湿绝热递减率下降，每百米仅下降约0.6℃。

大气的实际温度递减率只要比湿绝热递减率大，饱和湿空气就可以发展对流。这时在气象学上称为大气的湿不稳定状态。夏季白天的大气，在近地面的边界层（约1 000米内）里由于地面的加热率很大，往往超过干绝热递减率，热空气的对流上升运动就发展。到了一定高度水汽凝结形成云块。在边界层以上的自由大气里，温度递减率较小，往往在干绝热和湿绝热递减率之间。干空气在这里不能发展对流，但云块由于有凝结热量的释放就能继续对流上升。上升云块的直径一般为几百米到几千米。上升的高度从几百米到几千米。强盛的对流上升运动可以直达十几千米，穿透整个大气对流层，气块的对流上升速度很大，为1~10米/秒，有的可以超过20米/秒。比一般飞机的爬高速率还大。对流运动形成的云，高耸雄伟，像一座大山，云体直径和厚度相近，发展快，变化大，叫做对流云或积状云。

3. 大气辐合抬升运动

地球表面上各地的大气压力是不相等的。有的地区的气压比较低而周围比较高。这种地区在气象学上叫做低压区。低压区的范围很大，直径在1 000千米以上，相当于几个省的面积。它们不断移动变化，一般可存在几天时间。空气由于压力不同会从气压高的地方向气压低的地方流去。这就像水从高处向低处流去一样。

空气的流动就是风。在低压周围，空气都向低压中心流去，并做逆时针旋转，气象学上叫做气旋。空气在低压区汇集，物理学上叫辐合。由于地面的限制，辐合的空气会向上流动，形成上升气流。这种辐合造成的上升气流速度较小，一般只有几厘米到几十厘米每秒，比对流上升速度小1/10~1/100倍，但它的范围很大，可达上千千米，比对流运动大100倍，面积可大1万倍。它的持续时间可长达几天，比对流运动大几十倍。虽然它的升速很小，但由于持续时间长，空气抬升的总高度有时可达几千米。这就能形成大范围比较均匀的云层，往往伴有连续性降雨。所以一般说来低压区伴有云雨等天气过程而高压区则晴朗少云。在某一地方如果观测到气压下降，未来往往有云雨天气。

在气旋里，冷空气和暖空气都向中心流动，两者相交形成十分明显的界面。所以强的锋面一般都同气旋相伴，锋面附近有辐合抬升运动。由于暖空气比较轻，冷空气比较重，所以锋面向上是倾斜的，斜向冷空气一侧。

暖空气沿着锋面向上抬升。在冷锋区，冷空气不断推进，它们楔入暖空气下面，把暖空气抬举起来。往往在地面锋线附近造成很强的上升气流，有时可达1米/秒。在高空的锋面上暖空气也被抬升，但升速较小。在暖锋区，暖空气不断推进，它们沿着锋面向上抬升。暖锋的坡度很缓，一般小于1%，即水平运动100千米，垂直才上升1千米。因此暖空气的上升是十分缓慢的，它的升速只有几厘米到十厘米每秒。它的范围很大，可形成大片云，成层地布满全天气象上称为层状云。春夏之交，锋面多在江淮流域。暖湿气从海洋上源源而来，含有大量水汽。它们在锋区抬升冷却不断地凝结成层状云系和连续降雨，被称为梅雨。有时锋在该地区长期维持就会连续几天甚至十几天下雨。在广大范围内一次降雨总量最大可达到几百亿吨之巨！

4. 地形抬升和大气波动

空气流动遇到山脉的阻挡，在迎风坡上就会被迫抬升。风速越大，山坡越陡，风向同山脊走向垂直时上升速度就越大。如果湿空气持续地向山脉吹来，在迎风坡上不断抬升冷却，就会凝结形成云体。这种云的地理位置不变，总是在山脉迎风坡上，被称为地形云。假如空气比较潮湿山也不高时，山顶上往往出现像帽子一样戴在山头上的云叫做帽状云。

这种云就是湿空气被山脉抬升冷却凝结生成的。当气流过山以后，下沉加热，云滴又蒸发了。所以它只在山顶上出现。由于地形的抬升作用，在山脉迎风坡上的降雨量往往比其他地方多。例如在潮湿的偏东气流影响下，太行山东坡雨量较大。浙江、福建沿海山区雨量较大，海南岛五指山东南坡雨量较大而西北坡雨量较小。

气流在迎风坡抬升，过山后又下沉，结果形成一起一伏的波动。这种波动还会像海浪一样向下游方向传去，但越远越弱。它还会向上传递，高层空气受低层空气的影响，也产生上升、下降的波状运动。这种波动有时可能影响到10千米的高度。除了地形作用外，大气有时也会由其他原因而发生波动。例如，若大气中有两层空气，上层较暖，下层较冷，它们的流动方向又不一样，在这两层空气的交界面上就可能像水面一样出现波动，有的地方空气上升，有的地方空气下沉。如果空气比较潮湿，那么上升冷却会使它达到水汽饱和状态而生成云。但在下沉处云滴又因加热而蒸发掉。这样就像山顶的帽状云一样，在波动的最高处（叫做波峰）形成云，而在波动的最低处（叫做波谷）消散。看上去就成排列整齐的云条。云条之间的距离就是波长（即波峰之间的距离）。大气中这种波动的波长约为几百米到几千米。当大气中有两个不同方向的波动重叠时，形成的云就像布满棋子的棋盘一样，相当好看。

实际大气的运动是很复杂的，往往是好几种运动的综合结果。例如在有大范围辐合抬升的地方，特别在强冷锋的前面，有利于对流运动的发展。这样在层状云系中就有对流云错杂其间。我国的暴雨往往是从这种复合云系中降下的。又如地形作用会加强对流运动和抬升运动，使大范围的云和降雨在山脉迎风坡特别发展，雨量也比周围大。在大气的锋面上，暖空气在冷空气之上，所以有时会出现波状运动，结果在锋面云系中又有波状云存在。

5. 超级热机

火车、飞机、轮船等是靠蒸汽机、柴油机等来驱动的。这些机器都靠燃烧燃料产生热量，再使热能转化为动能。这些机器统称为热机。

云是自然界的热机。它的燃料主要就是水汽，水汽凝结释放热量，水汽蒸发吸收热量。在这个过程中空气得到能，就会形成大风。在对流云中这种过程十分明显。大气低层的湿热空气向上浮升，水汽饱和后凝结，放出大量潜热，使空气加热，密度减小。云块在浮力的作用下加速上升；同时云下气压降低，使周围空气向云底辐合上升。这样空气的上升就更多更快，释放的凝结潜热也更多了。所以对流云开始时云体较小，直径不到1千米，气流的上升速度也不大，只有1~2米/秒。可是经过几十分钟时间，就能发展成为直径10千米，升速超过10米/秒，顶高10千米以上的积雨云。云外的干空气往往能混入云中一些地方。这些地方由于云滴和降水在干空气中蒸发冷却，浮力减小，加上云滴和降水的荷重，就会产生下沉气流。冰粒子下落到暖区时融化吸收潜热，也会帮助空气冷却和下沉。空气在下沉中绝热压缩增温，其过程刚好同上升时相反。

在积云发展的湿不稳定大气中，湿空气由于云水的蒸发冷却，其温度在下沉过程中始终比周围空气低，这样它就加速下沉。在下沉区降水倾盆而下。下沉气流速度可以达到同上升气流相近的大小。从云中下沉到达地面的气流，温度比周围原有空气低得多，而气压比较高。这块下沉冷空气从云下向四周扩散，形成很强的水平外流风。它们同周围原来的暖空气有明显的不同，两者之间形成一个界面，就同冷锋相似，叫做伪冷锋或者飑锋。在飑锋上，暖空气受云下冷空气的楔入抬升，形成更强的上升气流，使积雨云的上升部分得以维持或发展。凝结出来大量云滴和降水物又能维持和发展云中的下沉气流，结果造成上升－下沉对流。特别强大的风暴就是这样维持和发展的。从这种风暴云里往往能降下大冰雹、暴雨。风暴来时风向突变，风力迅速增大，温度猛烈下降，气压急剧上升，相对湿度升高而水汽含量下降，往往造成严重灾害。

在这种强对流云中有时能形成龙卷。龙卷是一种水平强烈旋转的气流柱，有强烈的垂直运动。龙卷的水平最大风速可达 100 米/秒。中心气压很低，比周围低几十百帕。龙卷的破坏力极大，可以使房屋倒塌，大树拔起。上海 1956 年 9 月 24 日的龙卷，轻易地把一个 110 吨重的大储油桶“举”到 15 米高的高空，再甩到 120 米以外的地方。

强烈的上升气流把地面上的东西大量卷起升向上空，使龙卷气柱看上去成为黑色的漏斗状柱体。它们从云中伸下，有时又迅速离开地面。龙卷在水面上可以把大量的水吸至空中，这叫水龙卷。有的人看到乌云中伸下一条细长的柱子把水吸上去，就认为这是龙，并把水龙卷叫做龙取水，实际上云中只有空气和水粒子，哪里有什么龙呢？龙卷很小，生命时间又短，它吸起的水分比起云中水分来真是微乎其微。从云中下落的雨水主要是大量水汽凝结产生的。

强风暴拔树倒屋的强风，托住上千克重的大雹块的上升气流，倾盆暴雨和雷击电闪，它们的巨大能量是从哪里来的呢？主要就是水汽的相变产生的潜热，并同成云降雨过程相联系。强风暴是一台大自然的热机，它的规模和功率都大大超过人类制造的任何热机，真称得上是超级热机。威力惊人的台风是更为强大的热机，其燃料主要也是水汽。有人估计台风释放的能量相当于每分钟爆炸 2 000 万吨炸弹。全球大气和运动也可看作一台热机，太阳辐射是它的燃料，其中一部分加热地面和空气，驱动大气运动；一部分使水蒸发，以潜热的形式保存在水汽里，一旦凝结成云时就释放出来，驱动大气运动。

云的构成

按云的构成，可以分为 3 类：一是水云，由小水滴所组成；二是冰云，由冰晶所构成；三是水滴和冰晶并见的混合云。

云滴的大小是参差不齐的。云滴的半径约在 1 ~ 100 微米范围内变化，其中以 2 ~ 15 微米的占多数。一般云底、云顶及云的边缘的云滴较小，云的上部云滴较大。不同类型的云，云滴大小也不同。单位体积云内所包含的云滴个数，称云滴浓度，通常用个/厘米^{3}来表示。在水云和混合云中，云滴浓度通常为几十个/厘米^{3}至几百个/厘米^3；冰云的浓度则比它们小得多，平均只有 0.01 ~ 0.1 个/厘米^3。

云滴浓度的这种差异，是冰云中水平能见距离较水云和混合云中为长的重要原因。不同类型的云，浓度也不相同。对同一块云来说，浓度一般在云底最大，云的中上部最小。

单位容积云中水滴和冰晶的总质量，称为云的含水量，单位通常用克/米^{3}来表示。云的含水量随各类云而异。一般积状云的含水量大于层状云。云的平均含水量还与温度有关，一般来说，温度愈高，含水量愈大。

1. 水云

在纯水构成的云层中，主要是由暖云滴或过冷云滴组成的。温度高于 0℃ 的云是水云；温度低于 0℃ 而高于 -12℃ 时，一般为过冷云滴组成的云。云滴可由水分凝结和碰并作用同时进行而增长变大。水云的含水量多少及其在空间的分布，至关重要，因为它们标志着云内上升空气和环境干空气的混合程度。而且液态水含量的改变，往往伴随着很大的能量变化，如凝结 1 克水，就要放出 2 510 焦耳左右的潜热。

根据实验观测，中、低层的水云，一般含水量不大，如高层云、层积云、层云和积云，含水量范围约为0.05～0.50克/米^3，但更高的数值偶尔也可出现。所以单纯水云的降水几率较小，可以形成毛毛雨或湿雾。当然，在同高度有不同大小的水滴出现，由于水滴间吸引力的累积，也可形成较大的水滴。就是说，如水云的云层厚，含水量大，上升气流强，水滴的碰并作用明显，也可形成较大降水。由这种作用形成的水滴，主要是看云层中水分是否充足、云层厚薄与否、气流上升速度大小与否等因素。一般地讲，水云中的水分子没有水汽压力差数，因此水云的云滴碰并作用很不显著。

2. 冰云

由冰晶组成的云称为"冰云"，属于这类云的主要是高云族以及中云族的上部。冰晶是固态粒子，有各种不同的形状，比水滴要复杂得多，习惯上把线性尺度大于300微米的称为雪晶，而把小于300微米的称为冰晶。初始的冰晶形态基本上有：针状、柱状和片状3种，此外还有一些不规则的形状。据自然冰云的观测和室内实验得知，冰晶形状和生长温度有密切的关系。实验结果可归纳如表2所示。

表2　冰晶的形态和温度的关系

温度变化	冰晶形状
-3℃～-8℃	针状
-8℃～-25℃	片状、扇形星状
-10℃～-20℃	星状、树枝状
<-20℃	棱柱状
<-30℃	棱柱族

由表2可知，在较高温度（-3℃～8℃）下生成的冰晶为针状居多；温度再低时，生成片状和扇形星状；更低到-20℃～-30℃时，生成棱柱状等。雪花是单个冰晶的聚合物，它们主要是由星形枝状冰晶聚合而成，但也有由针状和棱柱冰晶组成的。

3. 水和冰的混合云

由过冷却水滴和冰晶组成的云称为混合云，通常以高层云、雨层云居多；积雨云也属混合云。在混合云中出现冰晶和水滴共存的现象。冰面上的饱和水汽压小于同温度下过冷水面上的饱和水汽压。也就是说，空气对水面饱和时，对冰面来说已经是饱和了，于是出现了水分不断由水滴向冰晶转移、冰晶则因凝华而增大的现象，这就是混合云中产生较大降水的主要原因。

实际上，自然界中的大片深厚云层，往往是冰云、水云和混合云并存。深厚云层顶部一般是单纯冰云（如卷云等），云的下部是水云，云质点通过碰并增长，云层中部是冰晶和过冷水滴共存，产生冰晶效应。所以3种云很难截然分开，它们的生消是错综复杂的过程。

云的形态

云的外形千变万化，种类繁多，但观察结果表明，地球上各处所产生的云，都大致有相同的外貌。凡纤细淡白，具有柔丝光泽，带有一丝一缕形状的称作“卷”。弥漫大片，均匀笼罩着广大地区，经常看不到边际的称作“层”。一团团，拼缀而成，向上发展的称作“积”。云按其高度可概括为经典式的4类。如单纯按高度分类可把直展云归属于低云族。我们这里按国际上的规定将云分成4族10属。

1. 高云族

云体都由细小冰晶体组成，纤缕结构明显，白色透光而具丝泽，云底光滑。高云族的组合相当复杂，姿态很多。在日出前或日落后常带鲜明黄色或红色。

（1）卷云

纤细毛羽状或带状，分离散处，通常白色无影，带有柔丝般的光泽。

（2）卷层云

融合成片的卷状云，薄如绢绡般的云幕，日月轮廓分明，经常有晕出现；有时组织不清晰，只呈乳白色，有时纤缕显然，好像乱丝满布。

（3）卷积云

白色细鳞片，或小薄球，小白片，常排成行列，或作微波形。本族3属云底高，在极地为3 000～4 000米，温带为5 000～13 000米，热带为6 000～18 000米。

2. 中云族

云层主要由水和冰晶混合组成，或由水，或由冰晶组成。云块较大，常有彩环，如是幕状则多是蔽光云，灰暗不匀。

（1）高层云

由水滴、冰晶和雪花共同组成。是一种有条纹或纤缕的云幕，颜色灰白或浅蓝。这种云比较薄，代表着卷层云向高层云演变的过渡阶段，很像厚的卷层云，只是没有晕，日月轮廓都不清，光泽昏暗，看去好像隔了一层毛玻璃。有时云层厚而阴暗。日月完全看不到。不过由于厚度不同，某些部分亮一些，某些部分特别暗一些，但是云底没有显著的起伏，而且条纹纤缕状，经常还可以看得出。

（2）高积云

通常由水滴组成，在冬季高纬度地区，可由冰晶组成。系由薄片或扁平球状云块组成的云层或散片，整列的云层中，个体往往小而薄，影可有可无。高积云块常沿一方向或两方向排列成群，成行或成波，各个体有时相距很近，边缘甚至互相密接。

高积云个体边缘薄而半透明，常焕发虹彩。较密厚高积云的云块下常有下垂的雨迹或雪痕，分别称为雨幡或雪幡。本族两类云底高在极地为2 000～4 000米，温带为2 000～7 000米，热带为2 000～8 000米。

3. 低云族

云体由细小水滴或水滴、冰晶和雪花混合组成。云块大而云幕很低，颜色有的灰色或灰白色，有的灰暗或乌黑，云体结构疏松。

（1）雨层云

低而漫无定形的降水云层，带暗灰色，很均匀，微弱的光仿佛发自云内。

雨层云是产生连续性降水的主要云层，云底模糊不清，云下常有碎雨云。如果没有降水，或者降水而不及地时，由于雨幡或雪幡下垂，云底混乱没有明确的界限，而且看起来似乎很潮湿。

（2）层积云

薄片、团块或滚轴状云条组成的云层或散片，整列的小个体都相当大，柔和而带灰色或灰白色，有若干部分可能比较阴暗。云块常成群、成行或成波，沿一个或两个方向排列。有时云轴彼此密接，边缘互相连续，布满全天，犹如大海的波涛。

（3）层云

低而均匀的云层，像雾而不着地。本族 3 类云底高在极地、温带和热带均为近地面到 2 000 米。

4. 直展云族

由水滴或由水滴、冰晶和雪花混合组成。生成时向上垂直发展，消散时向左右横扩，成为分散孤立的大云块。

（1）积云

垂直向上发展的浓厚云块，顶部呈圆弧形或重叠的圆形突起，底部几乎是水平，云体边界分明，云块与云块之间有空隙，常见青天。如云块变得浓密，常下小阵雨。积云云底高平均为 800 ~ 1 500 米，有时更低些。

（2）积雨云

浓厚的庞大云体，垂直发展旺盛，花椰菜形的云顶像山或高塔般地耸立着，上部的纤维组织常常扩展而成砧形，云底像雨层云一样有雨幡下垂。积雨云一般都有阵性降水，有时还下冰雹或伴生龙卷风，雷暴雨也常见。积雨云云底高平均为 400 ~ 1 000 米，有时更低些。

云与降水

从云层中降落到地面的液态水或固态水统称为降水。液态降水包括雨、毛毛雨、阵雨和冻雨；固态降水包括雪、米雪、霰、冰雹、冰粒和冰针。

云型和降水形式及强度的关系非常密切。大量雨雪是从雨层云、积雨云或高层云等云系中下降的，而稳定的层状云常只下毛毛雨或米雪。

1. 雨

从云中降落下来的液态水滴，直径为0.5～6毫米的称为雨；直径小于0.5毫米的称毛毛雨；过冷的雨滴与空中或地面物体碰撞而冻结的雨称冻雨。当气温低于0℃时，雨滴在空中保持过冷状态，当它同温度低于0℃的物体或地面相碰时，立即冻结成外表光滑而透明的冰层，称为雨凇。从云中降落、但在空中蒸发而不能降落到地面的细微雨滴，外观常丝丝下垂呈幡状，称为雨幡。

适当雨水可滋养万物，真可谓“雨贵如油”；如阴雨连绵，会暴雨成灾；久晴不雨，造成干旱，都会给人们带来灾害。降雨大小和时间长短与人们的生产、生活密切相关，所以了解雨的物理特性非常重要。一般从降雨强度和降雨形态两方面来判定。单位时间内降雨量的大小称为降雨强度或简称雨强，常以每小时若干毫米来表达。

雨的强度可分大、中、小三级，详见表3。降雨形态主要由上升气流、水汽供应和云的类型来确定。

表3　雨的强度划分

强度 类别	小	中	大
按雨量划分	≤2.5毫米/时	2.5～8.0毫米/时	＞8.0毫米/时
按降雨情况划分	雨落如线，雨滴清晰可辨，下落到硬地面和屋瓦上无四溅现象	降雨如倾盆，雨滴不易分辨，下落到硬地面四溅	降雨如倾盆，模糊成片，下落到硬地面溅起可达10厘米，水声哗哗

（1）连续性雨。持续时间较长，强度变化一般较小；常降自雨层云和高层云中，但是有时雨层云中伴生积雨云，则雨强较大。这主要是由于冷暖空气相遇，形成锋面大范围雨区。

（2）对流性雨。降雨是阵性的，强度变化很快，骤降骤止；天空时而昏暗，时而部分明亮；气温、气压、风等气象要素有时也发生显著变化；常降自积雨云中，浓积云中偶见。这是空气在不稳定情况下，由强对流作用所引起的阵雨。对流性雨常伴有雷暴甚至冰雹、龙卷风等。

（3）地形雨。湿空气受山脉等地形抬升而产生的降水。地形作用一般是山的迎风面雨量增大，雨水常降自积状云，如气流上升缓慢，也可形成层状云而导致降水。

实际上多数降雨是复合型的。如连续性降水中，也出现时降时停或时大时小的情况，但这些变化都很缓慢；在雨层云边缘部分伴有层积云或高层云就是如此。这种时降时停或时大时小的雨称间歇性雨。

云粒是液态水和固态水的小粒子，要使云粒降落到地面形成雨，必须满足下面两个基本条件：第一是云粒的下降速度必须比云中空气上升运动的速度大；第二是云粒从云中到地面这一段下降空间中，要不被全部蒸发掉，也就是说云粒要有足够大。那么云粒要大到什么程度呢？

首先我们分析云粒下降时的3个力作用：地心引力的作用，空气的浮力和阻力作用，要使云粒下降，就必须使云粒受到的地心引力大于空气浮力加阻力之和。云滴和雨滴下降时的速度称为最终速度，它的大小与云粒（云滴或雨滴等）的大小有关。云滴和雨滴的大小与最终速度的关系。

云滴半径越大，最终速度也越大，就可以克服空气的上升气流而下降到地面。那么如何使云滴不断增长呢？主要有两种过程：

一是凝结（凝华）过程。它是由于云体上升膨胀冷却，云内水汽含量维持一定程度的过饱和，云滴因水汽凝结或水汽扩散转移而增长。

20世纪30年代贝吉龙提出，当云中温度低于0℃，水汽压高于冰面饱和水汽压时，在冰核上形成初始的小冰晶，它可以凝华长大，从而使周围空气中的水汽压降低，当降到水面饱和水汽压以下时，云中的过冷却水滴就会蒸发，水汽很容易被饱和水汽压高的冰晶吸收转移，从而形成大冰晶。大冰晶在云中下坠到温度高于0℃的云区域时，会融化成大小雨滴，并继续通过碰并而形成较大的降水，这就是冰水转化过程的冷云降水过程，也称“贝吉龙过程”。

二是碰并过程。在暖云中，朗格缪尔提出，只要存在少量的大云滴，就可以通过重力碰并和连锁反应形成大量大水滴而发展成降水。因为云滴是大小参差不齐的，大小云滴之间会产生水汽转移现象，同时在云滴下降过程中，由于大小云滴重力不同，下降速度也就不同，降落快的大水滴就会追上降落慢的小水滴，互相碰并后增大水滴。当云中有上升气流或乱流存在时，云滴也会从中产生碰并现象，而增大水滴形成降水。

云中降水光有云滴增大等微观过程并小水滴是不够的。例如，含水量是2克/米^3，厚度为5千米的云，即使云中的含水量全部降落，也只有10毫米的降水。实际上一次降水量远远超过了这个数量，而且每次雨后，天上总是有云存在，显而易见，云中一定还存在着水汽不断输入、补充和更新的过程，也就是降雨还必须具备有充分的水汽和足够大的上升气流这两个宏观条件。水汽是形成降水的基础，没有它，连云都难以形成，就更不用说降水了。但是有了水汽，还必须依赖于上升气流，使云中的水汽不断得到补充，使云滴不断增大而从云中降落到地面上来。

形成降水的微观过程和宏观条件，是相互联系、相互制约的。上升运动和水汽直接影响着云中水汽的过饱和程度、云中含水量及云滴的碰并情况，控制着云滴的增长过程；同时，云滴不断增大的微观过程反过来又影响上升运动的增减及水汽条件，两者相辅相成，形成降水。

雨来自云。不同的天气系统会产生不同的云，不同的云会降不同性质的雨。一般情况下，毛毛雨降自层云和浓雾之中；雨多来自高层云、层积云和雨层云；阵雨往往降自浓积云和积雨云之中。如前所述，有系统性、指示性、地方性的云形演变，可以找出其演变规律来预报降雨。例如上海地区春夏时节，高空的云是由西南方推上来时，就表明当地受潮湿的西南气流控制，将有高空低压槽影响，未来有阴雨天气出现。天气谚语“南云长，雨水涨”就是这个道理。又如堡状云在夏季早晨出现，一早就已经冲破大气的逆温层，表明空中气流很不稳定，已经有对流运动发生；到了午后，大气受到地面增热作用，对流迅猛发展，往往从浓积云发展成积雨云，带来雷阵雨。故民间中有“朝有炮台云，午后雷雨临”的说法。

2. 雪

雪花是从微小的冰晶生长起来的，它的形状千姿百态，有人将雪花的形状作了分类，竟有 1 万种以上，但它们有个共同特点，即雪花绝大多数是六角形。

雪花是从微小的冰晶生长起来的，它的形成同云中的水汽条件和温度条件有着密切的关系。如果冰晶周围空气中的水汽非常丰富，冰晶的表面由于凝华作用大量消耗水汽，使其附近水汽密度变化加大。这时由于冰晶的尖端接触到空气中的水汽最多，凝华生长就最快，而邻近和底面凝华速度相对要慢一些，这样就形成星状雪花；如果冰晶周围水汽不很多，冰晶的尖端、底面和邻近面接触到空气中的水汽相差不大，主要沿着纵向伸长而成柱状雪花；当冰晶表面边缘部分能优先获得周围供应的水汽，凝华增长得比较快时，大多形成片状雪花。雪花主要产生于温度 0℃ 以下的云中。

如果雪花产生在 0℃ 上下的混合云中，大于 0℃ 的云层中就会将雪花融化为水滴，则可能产生雨夹雪或半融化的湿雪；此时，如上升气流很强，有的水滴重新被带到 0℃ 以下的云层中，再次冻结，然后降落到地面时，就形成冰粒；当云中的冰晶与过冷却云滴碰撞合并，冻结了的云滴中含有很多气泡和空隙，就会形成圆锥形的霰。霰通过碰并过程长大比雪花快，而且降落速度也比雪花大得多，每秒达几米，所以霰常见于降雪之前，大多产生于对流云中，带有阵性，随后由于云中过冷却水滴愈来愈少，霰就为雪所替代。米雪是小的霰，降落速度也较小，多产生于层状云中。

3. 冰雹

冰雹是从强盛的积雨云中降落下来的固体降水，一般为黄豆、蚕豆粒大小，有时也有像乒乓球甚至鸡蛋大小的。它的形状很多，有球状、圆锥状及其他不规则的形状，质地较硬，着硬地反跳，雹核一般不透明，外面包有透明的冰层，或由透明的冰层与不透明的冰层相间组成。冰雹直径差异很大，一般为几毫米至几厘米，最大可达 20 ~ 30 厘米。冰雹是中国的主要灾害性天气之一。虽然冰雹持续时间不长，仅“雹打一条线”，但来势猛烈，强度大，还常伴随狂风雷雨，所以常常给局部农业造成严重损失，甚至颗粒无收，有时还会伤害人畜和破坏露天易碎物品，给人民生命财产带来灾难。

冰雹形成的条件主要有以下 3 个：

（1）上升的气流运动速度。冰雹云中上升气流速度呈抛物线状分布，即先随高度增大，在云中上部达到最大，在云上部又减小。但要形成冰雹，必须最大上升速度所在的高度要超过 0℃层，以保证冰雹生长的条件。另外，最大上升速度不应小于 15 米/秒，使其能托住足够大的冰雹，如果上升气流速度小于 15 米/秒，在累积区形成的冰雹直径就小于 16 毫米，它们在降落到地面途中就可能已经完全融化。

（2）累积区含水量。据雷达观测，含水量累积区是冰雹在云中生长的主要地区，冰雹生长时间一般是 4～10 分钟，在这样短的时间内要从冰雹胚胎（直径约 0.2～0.3 毫米）迅速长大到直径为 15～20 毫米的冰雹，必须要求累积区含水量很大，应在 15～20 克/米^3 以上；累积区厚度不小于 15～20 千米；累积区位置应处在 0℃～40℃区域内，有充分的过冷却水滴，这样才能保证形成冰雹的充分能源。

（3）冰雹胚胎形成。冰雹要有核心，在云中需有大量的冰核。但由太小的核来长成冰雹需要很长时间，所以，一般的看法是，冰雹的胚胎主要是过冷却大水滴冻结而成的。在自然条件下，这样大小的过冷却水滴的冻结温度约在 －20℃～－24℃。对于冰雹云来说，就要求其顶部能伸展到比这个温度更低一些的高度上去。考虑到雹云内外的温差（在雹云中由于凝结潜热的释放，云内温度高于云外同高度的温度，大时可达 5℃～7℃），这样，冰雹云的厚度一般不应小于 7～8 千米。

冰雹的胚胎数量也应该恰当，如果胚胎数量太多，势必相互争食过冷却水滴，而云中累积区的含水量是有限的，从而使冰雹都长不大，这样就难以形成大冰雹。根据落到地面的冰雹数的测量，推测云中冰雹胚胎的数浓度量级为 10～100 个/米^3。

冰雹形成的过程如下：

当冰雹云中一些较大的云滴随上升气流带至含水量累积区，在上升过程中不断碰并增大时，过冷却水滴就会立即同它们冻结在一起，形成冰雹初始胚胎。胚胎随着气流一起升降，继续与水滴、冰晶并合，便逐渐成长为冰雹，当上升气流托不住冰雹时，就降落到地面。

冰雹常常具有透明和不透明冰层相间的内部结构。这种结构与积雨云中温度和含水量分布不均匀有着密切的关系。当冰雹胚胎进入温度较高、含水量较大的累积区里时，由于过冷却水滴在雹核上冻结所释放的潜热往往来不及散失，使一部分过冷水滴的温度升至0℃，在雹核上流散开来，形成一层水膜，当它再次冻结时就成为透明的冰层。这透明的冰层反映了云内含水量高，气温也相对高的生长条件。当冰雹胚胎进入温度较低、含水量较小的区域时，过冷水滴冻结所释放出的潜热散失较快，过冷却水滴就迅速冻结在雹核上，其间夹杂着不少空气，因而形成不透明的冰层。云中升降气流越是时强时弱，冰雹在云中升降的次数就越多，这种透明与不透明相间的层次也越多，冰雹的个体也就越大。

4. 雨凇和雾凇

雨凇和雾凇都是由过冷水滴或雾滴在地面和地物及树木上形成的冻结物或凝华物。雨凇又叫冻雨，它们对交通、电线、树木都有严重影响，也越来越被人们所重视。

雨凇主要是由于近地层里有温度向上逆增，锋面上产生的过冷却液态降水（冻雨）落到温度低于0℃的地面或地物上冻结而形成的。雨凇呈透明或毛玻璃状，外表光滑或略有隆突，冰层质地坚硬紧密。

雾凇一般分为粒状雾凇和晶状雾凇两种。粒状雾凇往往在风速较大的雾天里，气温为 -2℃ ~ -7℃时出现。它是由过冷却的雾滴与细长的物体相接触时形成的。由于冻结速度很快，因而雾滴仍保持原来的形状，成为附在物体上像雪一样的冰粒凝附物。晶状雾凇是由冰晶所组成，在雾滴蒸发时，由水汽凝华附在细长的物体上而形成。它往往在有雾、微风且温度低于 -15℃时出现，密度小，增长速度慢（每小时约1毫米），厚度平均不超过1厘米，形状如绒毛，稍受风吹或震动即易散落，因而一般不易造成灾害。

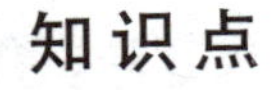

知识点

锋

锋是冷暖气团之间的狭窄、倾斜过渡地带。因为不同气团之间的温度和湿度有相当大的差别，而且这种差别可以扩展到整个对流层，当性质不同的两个气团，在移动过程中相遇时，它们之间就会出现一个交界面，叫做锋面。锋面与地面相交而成的线，叫做锋线。一般把锋面和锋线统称为锋。所谓锋，也可理解为两种不同性质的气团的交锋。由于锋两侧的气团性质上有很大差异，所以锋附近空气运动活跃，在锋中有强烈的升降运动，气流极不稳定，常造成剧烈的天气变化。因此，锋是重要的天气系统之一。

延伸阅读

锋面与黄梅雨

“黄梅时节家家雨，青草池塘处处蛙。有约不来过夜半，闲敲棋子落灯花”，这首宋朝赵师秀的《约客》。诗中，第一句就描述出梅雨的降雨是家家雨，也就是锋面带所覆盖的地区都是雨。另外江南谚语“雨打黄梅头，四十五日无日头”，又说出了梅雨时阴雨连绵的特性；“梅子成熟倾盆雨”则是表示梅雨时雨势相当大。从这些记述可以知道，梅雨的降雨特性是持续性并夹有较大雨势的天气。不过也有些记述，如：“黄梅时节燥松松”，却是说梅雨时出现的晴朗天气；“吃了端午粽，还有三天冻”的“冷水黄梅”，则表示梅雨来得特别早；另有“小暑一声雷，黄梅倒转来”，表示梅雨来得特别迟，以及梅雨过后又再度出现持续降雨天气，这又说明了梅雨降雨的变动性。这种变动性，不论是梅雨开始时间的早迟、梅雨期的长短、雨量的多寡、下雨天数的多少等，每年都有很大的差异。不但长江梅雨如此，变动性更大的台湾梅雨，更是变化多端。

平衡热量的风

风的形成

大气中各处的温度不一样，空气的密度就有大有小，所以在空中任何一个平面上，气压分布有高有低，空气由气压大的地方流向气压小的地方。气压差越大，空气流动越快。如果把单位距离的气压差叫做气压梯度，那么气流的方向应同气压梯度平行，速度则与气压梯度成正比。气压的差异引起了大气的运动，风就是大气运动的结果。

要完善地描绘风，需要指出风向和风速。习惯上把风的来向定为风向，如说西北风，即是气流从西北方向移来。风速指的是单位时间内空气流过的距离，常以米/秒为单位。

风是由气压差异引起的。一个漏气的球就会由漏气孔喷出一股气流，球内气压越大，喷出的气流速度越高；随着球内外气压差的减小，气流速度也趋近于零。

龙卷风

大气中各处气压相等的连线叫等压线，垂直于等压线由大至小的方向叫做压力梯度方向（像下阶梯一样）。如不考虑其他因素的理想情况，则风将沿着气压梯度方向吹。

气压梯度是怎样形成的呢？这是由于气温分布不均匀而引起的。总之，它与太阳照射、地表性质和状况等因子有关。

我们假定 A、B 两气柱最初情况一样，各高度上气压、气温都相等。以后由于两气柱温度不等，且假定气柱 A 的气温 T_A 比气柱 B 的气温 T_B 高，气温高，空气膨胀，空气密度就小，这样气压随高度递减得就慢，于是在某一高度 H 上，气柱 A 的气压 P_{AH} 就要大于气柱 B 的气压 P_{BH}，两气柱间就形成气压梯度，使得气柱 A 的空气在 H 高度上流进气柱 B。气柱 B 由于高空有空气流进，其地面气压 P_B 将增大，而气柱 A 由于空气流出，其地面气压 P_A 将减小。

这样，原来完全相等的两个气柱由于气温的不同，而在高空和地面都产生了气压梯度。在地面的天气图上，气温的暖中心往往与低压相对应，而冷中心往往与高压相对应。一盆平静的水经过局部加热后也会形成这种对流搅动。

对于真实地球上的大规模运动，风并不沿等压线梯度吹，这时还需要考虑地球自转的影响。

早在 19 世纪，法国科学家科里奥利就发现：质点在运动时，要受到地球自转产生的作用力的影响，这种力后来叫做科里奥利力，简称科氏力或偏向力。它与物体运动速度成正比，与圆面（如在地球上，则为以所在位置为切点而作的垂直于地球半径的平面）转动角速度成正比。显然这些角速度将随纬度而变化，在两极最大，等于地球自转角速度，而在赤道为零。在北半球，偏向力使物体偏向右方运动，而在南半球则相反。

在实际生活中，说明偏向力的例子很多。当物体由高处落下时，落点往往偏东；在射击瞄准时，如不进行修正，则弹着点一定偏在靶心右方；河流的南岸往往比北岸侵蚀得厉害（河流大部分自西向东流）。这些都是偏向力作用的结果。

对于地表面附近的大气运动来说，地面对气流的摩擦力也是不容忽视的因子。摩擦力应与风向相反，它与气压梯度力的共同作用（合力）为 F_2，偏向力将与 F_2 平衡，所以这时运动方向偏向低压方向。也就是说，当考虑摩擦力时，大气不是平行于等压线运动，而是偏向低压区方向运动，形成 20°～45°的倾角。

各种局地风

使风驱动的原动力是太阳，而太阳赐于地球上的热量分布是参差不齐的。赤道和低纬度地带比两极单位面积上接受的太阳能多得多。热量分布的不均衡，使大气这部巨大的机器发动起来：赤道上空气受热膨胀，热空气上升，向外流去并逐渐冷却，到了南、北纬30°附近，向地面下沉；与此相仿，南、北两极的冷空气下沉，逐渐增温，然后上升又重复循环；在这两组由势力作用所生成的环之间是中纬度环，环内的气流在一侧追赶向上冲的极地环，在另一侧跟随向下沉的热带空气，好像一组反向运转的齿轮装置。

在上述过程中，逐渐形成固定的天气类型。两极气流下沉，形成稳定的高压区。在纬度60°附近，气流上升，产生低压带。中纬度与热带交接处气流下沉，形成高压带，称为副热带无风带。靠近赤道的热带，气流上升，形成低压区，叫做赤道无风带。

热带空气流向两极，两极空气又流回赤道。然而，由于地球的自转，使空气运动产生了偏转（北半球向右，南半球向左）；加上地球上山峦起伏，海陆分布不均，对气流又产生了进一步的影响；而在小地形和下垫面的综合作用下，使局地风况变得更为复杂。主要的局地风有：海陆风、山谷风、焚风和峡谷风等。

1. 海陆风

海岸附近，在晴稳天气时，白天风由海洋吹向陆地称为由热量输送操纵的全球空气运转系统海风，夜间风由陆地吹向海洋称为陆风。这种在沿海以日为周期随昼夜交替而改变风向的风，称为海陆风。热力因素是海陆风形成的基本原因。白天，太阳辐射到达到地面时，由于海陆热力性质不同，陆地增热比海洋强烈，陆地上的空气受热膨胀上升。同时，海上空气温度较低，密度较大，空气下沉，并由低空流向陆地，以补偿陆地上升的空气，形成海风。陆地上上升的空气，在高空流向海洋，以补充海上的下沉气流，构成一个环流圈。夜间辐射冷却时，陆地冷却比海面快。陆地上的空气冷而密度大；海面上空气暖而密度小，海面上空气上升，而陆地上空气下沉，并由低空流向海上，形成陆风。

通常海风强，陆风弱。海风最大风速可达 5 ~ 6m/s，影响范围也大一些，可深入陆地 50 ~ 100km；陆风一般中有 1 ~ 2m/s，影响范围小些，深入海洋仅 10km 左右。这是因为白天海陆温差大，夜间温差小的缘故。

海陆风转换时间，随地方条件和天气条件而不同。一般海风在上午 9—10 时开始，13—15 时最强，随后减弱，到 21—22 时左右转为陆风，在夜间 2—3 时左右最强，随后逐渐减弱，到上午 9—10 时又转向海风。如果是阴天或者有较强的气压系统移来时，海陆风就很不明显。吹海风时，从海上带来大量水汽，使陆上空气湿度增大，温度降低。故夏日滨海地区不十分炎热。

在内陆较大的水域附近，例如在湖泊、水库以及大的江河附近，也有类似的水陆风。浙江省新安江水库建成后，在沿水库水平距离 5 千米以内的水域附近，有水陆风出现。使沿水库附近区域成了夏季避暑胜地，冬季有利于作物的安全越冬。

2. 山谷风

在山区出现的随昼夜交替而转换风向的风。昼间风由山谷吹向山顶，称为谷风；夜间风由山顶吹向山谷，称为山风，总称为山谷风。在晴朗的白天，坡地强烈增暖，坡地上的气温比同高度谷底上空的气温高，坡上空气受热膨胀沿山坡上升，形成谷风。日落后，坡地迅速冷却，坡地上气温比同高度谷底上空的气温低，空气密度大，所以空气顺山坡下滑，流向谷底，成为山风。

一般在日出后 2 ~ 3 小时开始出现谷风，并随着地面增热，风速逐渐加强，午后达到最大。以后因为温度下降，风速便逐渐减小，在日落前 1 ~ 2 小时，谷风平息，山风渐渐代之而起。山谷风一般夏季较冬季明显。通常谷风比山风强。白天谷风可将谷底的水汽带到山顶附近成云致雾，这就是山坡云雾多的主要原因。夜晚，山风把山上的冷空气带到谷地，引起谷地气温降低，冷空气在谷底堆积，易出现霜冻。

3. 焚风

焚风是气流越过山岭时，在背风坡绝热下沉形成的干而热的风。当暖湿的气流越过较高的山脉时，在迎风坡，空气沿着山坡向上爬升，上升时空气绝热降温，在未饱和时，先按干绝热递减率 γ_d 降温，每升高 100m，降温约 1℃。到达凝结高度以后，按湿绝热递减率 γ_m 降温，每升高 100m，大约降温 0.4℃～0.6℃，并有水汽凝结，且出现降水。越过山顶后，空气顺坡往下滑，按干绝热增温，由于空气中的水汽在迎风坡凝结并降落，相对湿度减小，气温比山前的高，所以在背风坡形成了干燥而又火热的风，即为焚风。

假设山高 3 000m，在迎风坡山脚处测得温度为 20℃，露点温度为 15℃。当气流沿迎风坡上升时，先按干绝热降温，到达 500m 处时，温度降至 15℃，相对湿度达到 100%，所以 500m 即为凝结高度。当气流继续上升时，水汽即出现凝结并放出潜热。在 500m 的高度以上按湿绝热降温，（设 $\gamma_m = 0.5℃ \cdot 100m^{-1}$）到达山顶时，气温降至 2.5℃，空气中的水汽压为 7.3hPa，相对湿度仍为 100%。山前有降水，到山顶处，云消雾散，所以空气越过山顶之后，在背风坡顺山坡下沉，按干绝热增温。当气流达到山脚时，温度增至 32.5℃，相对湿度降至 15%。越山后气温比山前提高了 12.5℃，相对湿度至少降了 56%，而形成了高温干燥的焚风。

我国许多地区都有焚风。例如当偏西气流越过太行山时，位于太行山东麓的石家庄就会出现焚风。据统计，出现焚风时，石家庄的日平均温度比无焚风时可提高 10℃左右。

焚风有弊有利。焚风出现时，在短时间内气温急剧升高，相对湿度迅速下降，蒸腾加快，引起植物脱水甚至枯萎死亡造成农作物减产甚至无收。另外还可能引起森林火灾，高山雪崩等，但焚风能提高温度，促使初春融雪，提早春耕，有利于作物生长。秋季焚风能使作物早熟，也是有利的一面。

4. 峡谷风

当气流从开阔地区向两山对峙的峡谷地带流入时，由于空气质量不能在峡谷内堆积，于是气流将加速流过峡谷，风速相应增大，这种比附近地区风速大得多的风叫做峡谷风（穿堂风）。在我国台湾海峡、松辽平原等地，两侧都有山岭，地形似喇叭管，当空气直灌窄口时，经常出现这种大风，就是这个原因。

直接影响人类生活的季风

由于大陆和海洋在一年之中增热和冷却程度不同，在大陆和海洋之间大范围的、风向随季节有规律改变的风，称为季风。形成季风最根本的原因，是由于地球表面性质不同，热力反映有所差异引起的。由海陆分布、大气环流、大地形等因素造成的，以一年为周期的大范围的冬夏季节盛行风向相反的现象。

现代气象学意义上季风的概念是 17 世纪后期由哈得莱首先提出来的，即季风是由太阳对海洋和陆地加热差异形成的，进而导致了大气中气压的差异。夏季时，由于海洋的热容量大，加热缓慢，海面较冷，气压高，而大陆由于热容量小，加热快，形成暖低压，夏季风由冷洋面吹向暖大陆；冬季时则正好相反，冬季风由冷大陆吹向暖洋面。这种由于下垫面热力作用不同而形成的海陆季风也是最经典的季风概念。到 18 世纪上半叶，哈得莱对季风模型进行了补充和修正。他指出，按照哈得莱的理论，南亚地区阿拉伯海至印度的季风应该是夏季吹南风，冬季吹北风，但实际观测到的却是夏季吹西南风，冬季吹东北风。这是因为夏季当气流从南半球跨越赤道进入北半球时，由于地球的自转效应，气流会受到一个向右的惯性力作用，这个力就是地转偏向力（科里奥利力）。由于地转偏向力的作用，气流在向北的运行过程中向右偏，形成了西南风。

此外，受青藏高原的地形作用及其他因素的影响，东亚的季风比南亚地区更复杂。其中，南海—西太平洋一带属热带季风区，冬季盛行东北季风，夏季盛行西南季风；东亚大陆—日本—韩国一带属于副热带季风区，冬季 30°N 以北盛行西北季风，30°N 以南盛行东北季风；夏季则盛行东南或西南季风。

季风是大范围盛行的、风向随季节变化显著的风系，和风带一样同属行星尺度的环流系统，它的形成是由冬夏季海洋和陆地温度差异所致。季风在夏季由海洋吹向大陆，在冬季由大陆吹向海洋。

冬季，大陆气温比邻近的海洋气温低，大陆上出现冷高压，海洋上出现相应的低压，气流大范围从大陆吹向海洋，形成冬季季风。冬季季风在北半球盛行北风或东北风，尤其是亚洲东部沿岸，北向季风从中纬度一直延伸到赤道地区，这种季风起源于西伯利亚冷高压，它在向南暴发的过程中，其东亚及南亚产生很强的北风和东北风。非洲和孟加拉湾地区也有明显的东北风吹到近赤道地区。东太平洋和南美洲虽有冬季风出现，但不如亚洲地区显著。

夏季，海洋温度相对较低，大陆温度较高，海洋出现高压或原高压加强，大陆出现热低压；这时北半球盛行西南和东南季风，尤以印度洋和南亚地区最显著。西南季风大部分源自南印度洋，在非洲东海岸跨过赤道到达南亚和东亚地区，甚至到达我国华中地区和日本；另一部分东南风主要源自西北太平洋以南或东南风的形式影响我国东部沿海。

夏季风一般经历暴发、活跃、中断和撤退 4 个阶段。东亚的季风暴发最早，从 5 月上旬开始，自东南向西北推进，到 7 月下旬趋于稳定，通常在 9 月中旬开始回撤，路径与推进时相反，在偏北气流的反击下，自西北向东南节节败退。

影响我国的夏季风起源于 3 支气流：一是印度夏季风，当印度季风北移时，西南季风可深入到我国大陆；二是流过东南亚和南海的跨赤道气流，这是一种低空的西南气流；三是来自西北太平洋副热带高压西侧的东南季风，有时会转为南或西南气流。

季风每年 5 月上旬开始出现在南海北部，中间经过 3 次突然北推和 4 个静止阶段，5 月底至 6 月 5—10 日到达华南北部，6 月底至 7 月初抵达长江流域，7 月上旬中至 20 日，推进至黄河流域，7 月底至 8 月 10 日前，北上至终界线——华北一带。我国冬季风比夏季风强烈，尤其是在东部沿海，常有 8 级以上的北到西北风伴随寒潮南下；南海以东北风为主，大风次数比北部少。

总之，季风活动范围很广，它影响着地球上 1/4 的面积和 1/2 人口的生活。西太平洋、南亚、东亚、非洲和澳大利亚北部，都是季风活动明显的地区，尤以印度季风和东亚季风最为显著。中美洲的太平洋沿岸也有小范围季风区，而欧洲和北美洲则没有明显的季风的趋势和季风现象。

风的表示方法

风是一个向量，因此需要测量风速和风向两个项目，才能完全地描绘出风的状况。

我国是历史悠久的文明古国，很早就根据树枝或植物叶的摆动情况，来观察风，如把茅草或鸟翎等物吊在高杆顶端，用以观察风向。到了汉代又发展成测风旗和相风鸟来测定风向。前者是用绸绫之类做成的旗子悬挂在高杆之顶，看旗判断风向。后者是把一个特制的、很轻的乌形物悬在杆头，鸟的头部所指便是风向。

这种方法不仅能测风向，同时还能根据羽毛被举的程度大体判断风速，可以说是风速计雏形。在国外，直到公元1500年才由意大利的达·芬奇发明了风速计，他设计的风速计原理与我国的羽葆法完全一样，可是时间上要晚将近1 000年。

现在气象台站业务使用的测风仪是电接风向风速计，它由风向标、风杯和电动指示器3部分组成。风向标和风杯安装在室外较空旷的高处，用风向标测定风向，用风杯测定风速。电动指示器安装在室内，能随时反映当时的风向和风速。

风与气温、气压要素不同，它是一个表示空气运动的要素，它不仅具有数值的大小（风速），还具有方向（风向）。

风速是指气流前进的速度。风速越大，风的自然力量也越大。所以一般都用风力来表示风速的大小。风速的单位用米/秒，千米/小时表示。风向常用16个方位或周天方位法（顺时针方向由0°~360°）表示。风向是指风吹来的方向，例如，风从东北方向吹来便称为东北风，风从西北方向吹来便称为西北风。

根据风对地面物体或海面物体影响的程度，定出等级叫风级，风级从无风（零级）到最大的飓风（十二级），共分十三级。百姓利用刮风时周围的景象，形象生动的描绘出了风级，如下：

一级轻烟随风偏，二级轻风吹脸面，三级叶动红旗展，四级枝摇飞纸片，五级带叶小树摇，六级举伞步行难，七级迎风走不便，八级风吹树枝断，九级屋顶飞瓦片，十级拔树又倒屋，十一二级挺少见。

知识点

科里奥利

科里奥利（1792—1843），法国数学家、工程学家、科学家，以对科里奥利力的研究而闻名。他也是首位将力在一段距离内对物体的效果称为“功”的科学家。1808 年，他进入巴黎综合理工学院学习。1829 年，他成为巴黎中央高等工艺制造学校的几何分析及普通物理学教授。同年，他发表了《机器功效的计算》一书，在其中他对一般意义上的机器进行了研究，并提出了功的概念。1835 年，他着手从数学上和实验上研究自旋表面上的运动问题，从而发现科里奥利力。他一生的科学研究主要集中在力学和工程数学上，特别是碰撞理论、水力学和功效学等。

延伸阅读

风　能

风能是因空气流做功而提供给人类的一种可利用的能量。空气流具有的动能称风能。空气流速越高，动能越大。据估计到达地球的太阳能中虽然只有大约 2% 转化为风能，但其总量仍是十分可观的。全球的风能约为 2.74×10^{9} MW，其中可利用的风能约为 2×10^{7} MW，比地球上可开发利用的水能总量还要大 10 倍。

人们可以用风车把风的动能转化为旋转的动作去推动发电机，以产生电力，方法是透过传动轴，将转子（由以空气动力推动的扇叶组成）的旋转动力传送至发电机。到 2008 年为止，全世界以风力产生的电力约有 94.1 百万千瓦，供应的电力已超过全世界用量的1%。风能虽然对大多数国家而言还不是主要的能源，但在1999年到2005年之间已经增长了4倍以上。

能自行调节的气温

气温的含义和量度

1. 什么是气温

寒来暑往，四季交替，给人最直接的感觉是气温的变化。大气温度是表示空气冷热程度的物理量。它实质上是空气分子平均动能大小的反映。当空气获得热量时，分子运动的平均速度增大，平均动能增加，气温也就升高；相反的，当空气失去热量时，分子运动的平均速度减小，平均动能减少，气温也就降低。

虽然热量与温度经常联系在一起，但热量与温度却是两个完全不同的概念。热是能量，而温度是一种量度。一支火柴的火焰，会把手指灼痛，说明它的温度很高。但是当用手去摸冬季取暖的暖器散热片却不致被烫伤。点燃火柴的温度虽然比散热片要高，但火柴提供给房间的热量却比散热片少得多。所以可以把温度比拟成测速计的读数。因为温度表示的量度，实际上只是各个分子运动的快慢。

温度的高低并不取决于分子的多寡。这个道理，再举一个例子来说明：在海拔一百二三十千米的高空，每立方千米的大气中只有几十个分子，但这些分子的运动速度很快，其温度高达132℃，它相当于高压蒸气锅炉内空气分子运动的速度。虽然这两个系统的空气分子运动速度一样，温度也差不多，但两者内含的总能量却差得很远，锅炉内蒸气分子内含的能量，比高层大气一立方千米空气分子内含的能量要大得多。

2. 气温的量度

大气的热能存在于高速运动的气体分子之中，分子速度不能直接测量出来，而只能通过一种暴露在空气中的敏感元件来测定，方法是通过观测其感应材料（酒精、水银或金属等）性能的变化情况，而间接地测定出来。这种敏感元件就叫做温度表。

最简单的温度表，是根据液体热胀冷缩的原理制作的。医用和一般科研用的温度表制作较简易。将一定量的液体（水银或酒精）密封在管径均匀，下端呈球形，内抽真空的玻璃毛细管之中，因管子内径极细，故温度有微小变化，液柱高度就有明显的升降。把这种温度表放在结冰的水中，将此时的液柱高度定为0℃，再把它放在沸腾的水中（一个大气压），将这时的液柱高度定为100℃，其间刻成100等份，即为我们常用的摄氏温标，记作“℃”。如果将水的冰点定为32度，沸点定为212度，中间划成180等分，这就是欧美常用的华氏温标，记作“℉”。

摄氏温标和华氏温标的换算关系为科学上常用一种开氏温标，或称绝对温标，记作“K”。它的零度等于-273.18℃（使用时，常近似为-273℃），定义为分子运动完全停止时的温度，叫做绝对零度。在实验室内已经能达到非常接近于绝对零度的低温0.002 0K，但永远达不到绝对零度。摄氏温标与开氏温标的换算关系为T（K）=273.15+t（℃）。

大气热能的来源

1. 太阳辐射

清晨，光芒夺目的太阳从东方升起，万道霞光洒满了神州大地。什么是太阳辐射，太阳辐射对地球有何作用呢？

我们知道，太阳是一个炽热的气体球，其内部不断地进行着由氢聚变为氦的热核反应，表面则是一片沸腾的火海。这表面可分成3层：光球层、色球层和日冕层。

平常肉眼看到的明亮圆盘即是光球层的视平面，光球层厚度约300千米，温度约6 000K，密度是水的几亿分之一。它能全部吸收来自太阳内部的辐射，从而把太阳内部的情况深深地隐藏起来，自己却永不停息地向太空进行热辐射，放射出波长0.1~4微米的电磁波。色球层厚度达2 500千米，温度从紧靠光球层处的几千℃向外递增到几万℃，它既放射热辐射，也喷射高能带电粒子流。此层气体比光球层稀疏得多，辐射的总能量仅为光球层辐射能的十万分之一。

平时我们看不到色球层，日全蚀时所看到的日盘外有一彩环，此即色球层。日冕层厚薄不一，有的地方可延伸到几个太阳直径以外。这层的物质粒子非常稀少，实际上日冕层上层和宇宙空间无明显差别，日冕层温度高得惊人，达 100 万℃，它只向太空喷射高能质粒流，所放射的总能与光球层的相比是微不足道的。

总括起来，我们把由光球层、色球层、日冕层向宇宙空间放射的热辐射和微粒辐射称为太阳辐射。太阳辐射的能量十分巨大，据估算 1 秒钟放射能量约为 34×10^{25} 焦（相当于 1.16×10^{16} 吨标准煤完全燃烧释放出的能量）。其中 99.76% 是光球层以电磁波形式放射的热辐射。色球层、日冕层以微粒辐射的形式向外喷射的高能带电粒子流称太阳风，由于地球磁层的保护，太阳风一般是不能抵达地面而伤害人类的。

太阳辐射的电磁波以 30 万千米/秒的速度传播，经 8 分 19 秒左右即达地球。虽然某时刻到达地球大气顶的能只占太阳辐射总能的二十亿分之一，但对地球来说已是一份“厚礼”了。气象上常把“抵达大气顶的太阳辐射”简称为太阳辐射或阳光。已经测定在大气顶垂直于太阳光线的 1 平方厘米面积每分钟获得的太阳辐射能为 8.12 焦（太阳常数）。太阳辐射经大气顶向下深入会遇到两种前途：被“吃掉”或被反推出门外。

就全球平均而言，其中约 30% 被空气、云、地面等反射回太空；约 19% 被空气分子、水汽、尘埃、云等吸收；余下的 51% 为地面（包括植物等）所吸收。最后这部分与我们关系最大，有时人们便把能抵达地面并为地面所吸收的这部分太阳辐射称为太阳辐射或阳光，植物学家就常常这样说。

太阳是大地的母亲，正是地球接受了太阳辐射，才有疾风劲吹、江河奔流、人类生息、鸟语花香。科学家们已测知，能透射到地面的太阳辐射，约一半是可见光（波长 0.39 ~ 0.76 微米），一半是红外线（波长 0.76 ~ 3.0 微米），3% 是波长为 0.29 微米左右的紫外线。可见光和红外线给我们送来光和热，把地球造就成为生气勃勃的光明世界。

如果没有它们，地球便沉沦于永恒的黑暗之中，温度将降到 –270℃，那将是一个毫无生气的、人类无法生存的冷寂世界！紫外线有强烈的生物效应，它能杀灭多种有害微生物而起消毒作用。一切植物只有靠阳光才能正常生长。植物叶绿素吸收可见光与 CO_2、H_2O 进行光合作用制造碳水化合物、蛋白质、脂肪，并放出 O_2；红外线晒热植株为植物生长供给热量；紫外线进入植物内部促进植物细胞原生质和细胞壁的形成，还促进植物合成维生素，对果实成熟也有作用。太阳辐射是地面能源的总来源，煤、石油、天然气、柴草等所含的能量，都是通过植物的光合作用由太阳能转化而来，水力风力能亦来源于太阳辐射。

太阳的紫外光和 X 射线能使离地面 100 千米左右的氮和氧的分子和原子电离而形成电离层，电离层会反射短波无线电波，使向遥远地方的广播、通讯得以实现。太阳辐射是天气气候变化的决定因素，地球各地的纬度、水陆分布、地形地势等不同，使接收太阳热能有多寡之分，从面造成冷暖不同，高温区空气膨胀密度变小使气压降低，低温区恰恰相反。空气要从高压区流向低压区，风云雨雪便可随之发生。

2. 地面辐射

由于太阳本身的活动，太阳辐射总量给地球带来了一二百亿至一二千亿千瓦的能量变化，但是到达地球后被反射到太空的辐射，比这个数字范围要大 150 倍左右。太阳辐射到达地球及其大气后，其中约有 20% 被大气吸收，50% 被地球表面吸收，被反射至太空的只有 30%。被大气吸收的 20% 的太阳辐射能量中，有一小部分是紫外辐射和 X 射线，吸收过程主要是在 10 千米以上的大气中进行的，其中紫外辐射被平流层大气中的臭氧所吸收，X 射线为高层大气所吸收。这部分能量很小，最多占太阳辐射总量的 3%。其余 17% 的能量，都是在 10 千米以下的低层大气中被吸收的，其中水汽吸收的能量占太阳辐射总量的 10% 左右，剩下的 7% 为二氧化碳和其他成分所吸收。

大气除了能吸收太阳辐射外，还能散射和反射太阳辐射。被大气散射的太阳辐射，约占大气层顶太阳辐射总量的 5%。当然，由于 90% 以上的大气都分布在 10 千米以下的低层大气中，所以这一散射过程主要发生在低层大气中。

大气对太阳辐射的反射作用主要靠云来进行。全球的云所反射的太阳辐射约占大气层顶太阳辐射总量的22%。地球表面也可以反射一部分太阳辐射，但其能力远不如云，反射的辐射能量只占到达地球的太阳辐射总量的3%。如果把大气分子所散射的太阳辐射，云和地面所反射的太阳辐射，统统加起来，约占到达地球太阳辐射总量的30%，亦即0.3。这个数字叫做地球的反射率。

太阳对地球的辐射，大气吸收了20%，地气系统反射掉30%，总共50%，剩下的50%被地球表面吸收了。那么，地球不断地吸收太阳辐射能，岂不变得愈来愈热了？这样热下去我们还能活吗？退一步说，如果地球不仅吸收太阳辐射能，而且也释放出能量，但是吸收的老是大于释放的，地球仍然会变得愈来愈热，热得我们无法生存下去；或者反过来，如果地球吸收的能量老是小于释放的能量，地球就会愈变愈冷，冷得我们都被冻成“冰棍”。当然，实际情况不是这样。这说明地球吸收的太阳辐射能与释放的能量是相等的。这就叫做收支平衡。

长波辐射和温室效应：地球是通过什么能量释放形式来达到收支平衡的呢？主要是通过地面辐射的形式把所吸收的太阳辐射能量释放出去的。夏天，我们在阳光下活动，会热得汗流浃背，太阳落山以后，就感到凉快了。这里，我们感到的只是直接的太阳辐射，而没有感觉到无形的地球辐射。

问题在于，我们所感觉到的太阳辐射，与地表吸收的太阳辐射一样，主要是太阳辐射中能量最大的，波长较短的可见光辐射。而地球表面吸收太阳辐射后所释放出的辐射能量，却是另一种辐射，即一种波长较长、能量较低的辐射。

前面提到过斯蒂芬—玻尔兹曼黑体辐射定律，根据这个定律，可以算出地球这个黑体保持辐射平衡时所需要的平均温度，这个温度约为250K，也叫做地球的行星温度。它比地球表面的平均温度288K低得多。为什么有38K之差？因为地表辐射有相当一部分被大气吸收，另一部分又被大气反射回来的缘故。根据维恩定律，地球是表面温度为288K的黑体，地球辐射的发射波长均大于4微米，最长波长约为70微米。这一段波长，正好处在红外辐射的范围内，所以地面辐射是红外辐射。由于它的波长相对于可见光来说波长较长，所以又叫做长波辐射。

地球表面所吸收的太阳能，以红外辐射的形式释放出去。释放出去的这些能量又到哪儿去了？原来，大气中含有许多水汽、二氧化碳，以及少量的臭氧、一氧化二氮和甲烷。这些气体，在吸收地球射出的红外辐射方面显得特别能干，它们几乎把8微米以下和12微米以上的长波辐射能量全部都吸收了。在4~7微米这个波长范围中，只有中间很窄的一段的地球辐射可以穿透大气，这一段叫做“大气窗口”。在晴天时，属于这一小段波长范围的地面辐射，可以不被大气吸收。气象卫星正是选用大气窗口的波长来作地面温度测量的。

地面射出的长波辐射，被上述提到的几种气体成分吸收后，又向四面八方发射出去，有的直接进入太空，有的仍射回地面。此外，大气中的云，既可吸收地面长波辐射，也可反射这种辐射。这些成分就像花房温室的玻璃窗那样，允许太阳辐射进来，但是，在相当程度上能阻挡地面热辐射的散失，所以，人们形象地把它叫做“温室效应”。

大气中吸收地面长波辐射最有效的是水汽。大气究竟能吸收多少地面辐射，主要取决于大气中水汽的含量。大气中空气湿度增加时，吸收的地面辐射就增加；空气干燥时，吸收的地面辐射就减少。大气吸收地面辐射的多少，直接影响到大气运动的能量。一棵大树每天可向大气输送数吨水汽，所以，植树造林可以影响当地的气候。我国北方地区气候干燥，更需要多多植树造林，既绿化了环境，又改善了气候。空气中的二氧化碳吸收地面辐射的本领也很大。人类的活动正在使大气中的二氧化碳含量不断增加。虽然增加的速率还不足以影响到天气，但对气候将有一定的影响。

气温的变化

1. 气温的周期性变化

（1）气温的日变化。一天之中，气温虽然有高有低，但气温日变化是很有规律的：早、晚凉，午后热，这是大家所熟悉的。气温的最高温度出现在14~15时，最低温度出现在日出前后，这是因为气温是随着地面温度的周期性日变化而变化的。日出以后，地面开始净得热量，同时地面又放出长波辐射输给大气，使大气净得热量，大气并将这些热量积累起来，直到午后14~15

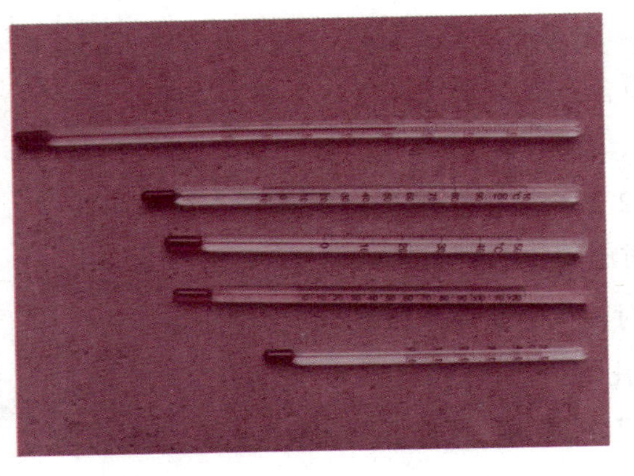

水银温度计

时，低层大气积累起来的热量达到最大值，因而出现了最高温度。14～15 时以后，因为太阳已经西斜，大气中开始流失热量，因此，所积累起来的热量逐渐减少，直到第二天早晨日出前后，大气中所剩的热量已达最低点，所以出现了一天中最低气温。

一天中最高温度和最低温度之差称为气温的日较差。影响气温日较差的变化有下列因子：纬度：气温日较差随纬度增加而减小。在热带平均日较差约为 12℃，温带为 8℃～9℃，极地 3℃～4℃。季节：气温日较差一般夏季大于冬季，最小值出现在冬季。地形：在凹地（盆地、河谷等）白天因空气与地面的接触面比平地广，因此，增热剧烈，加上通风不良热量不易流失，所以温度较高。夜间，因冷空气沿山坡下滑聚集在谷地，再加上辐射冷却，温度较低，所以气温的日较差大。在凸地（小丘、高地、山地）因贴地层空气与高层空气有自由交换，受地面影响不大。因此，气温的日较差小。

海陆：海陆温度的变化也有不同，在日间最易受热或夜间最易冷却的陆地上，气温的日较差大，可达 40℃以上，而洋面上不易受热或冷却，气温日较差约 1℃～2℃。天气状况：气温日变化也因天气状况而不同。阴天比晴天日较差小得多，这是因为云在日间阻挡了太阳辐射，夜间又可减少因地面辐射而失去的热量。

（2）气温的年变化。气温的年变化即气温的年较差，它是一年内最热月的平均气温与最冷月的平均气温之差。一年中最高气温出现在夏季，大陆上多出现在 7 月，而海洋上或沿海地区多出现在 8 月；一年中最低气温出现在冬季，大陆上多出现在 1 月而海洋上则出现在 2 月（北半球）。气温年较差的大小与纬度、海陆分布等因素有关。赤道附近，昼夜长短几乎相等，最热月和最冷月热量收支相差不大，气温年较差很小；愈到高纬度地区，冬夏愈明显，气温的年较差就愈大。例如我国的西沙群岛（16°50′N），气温年较差只有 6℃，上海（31°N）为25℃，海拉尔（49°13′N）达到46.7℃。低纬度地区气温年较差很小，高纬度地区气温年较差可达40℃~50℃。

如以同一纬度的海陆相比，大陆区域冬夏两季热量收支的相差比海洋大，所以陆上气温年较差比海洋大得多，温带海洋上年较差为11℃，大陆上年较差可达到20℃~60℃。

2. 气温的非周期性变化

气温的变化还时刻受着大气运动的影响，所以有些时候，气温的实际情况，并不像上述周期性变化那样简单。如阴雨天气的骤然转晴或晴天突然转成阴雨，都能使气温日变化曲线发生跳跃式的变化。冷暖空气的交替如锋面过境，都能使气温的年变化曲线发生突变，这些变化都是气温的非周期性变化。这种气温非周期性的变化现象，在我国以春夏之交和秋冬之交最为显著。春末夏初气温日增，如遇蒙古冷空气突然南下，气温骤然下降。秋末冬初南来的暖气流也会使气温产生急增的现象。不过，从总的趋势和大多数情况来看，气温日变化和年变化的周期性还是主要的。

温度与生命

温度对生命的存在是十分重要的。温度对生命活动有什么影响呢？我们先来做一个小实验，看看青蛙对温度的变化有什么反应。

在一只大广口瓶底铺上约3.3厘米厚的细砂子，并向瓶中注入水至瓶口约1厘米处，将青蛙放入瓶中；将盛蛙的瓶放入一洗脸盆中，测量瓶内温度并记录下来，然后在盆中放入冰块将广口瓶围住。测量瓶内温度的变化及下降的速度。随着温度下降，记录青蛙活动的变化。当青蛙停止活动后约1分钟，将瓶从水中取出，放在温暖的地方，使其温度自然上升（注意不要给予加热），并观察随温度变暖时青蛙逐渐活跃的情况。

以上实验说明，温度对动物的活动影响是很大的。

宇宙间温度变化的幅度是极大的，从绝对零度（-273℃）到几千摄氏度高温。但生物能够生存的温度范围是很狭窄的，大多数生物生活在20℃~50℃左右的温度范围内。动物遇到恶劣的温度可以改变自己的活动方式，但耐受也是有一定限度的。

对于低温，有此动物可以通过降低代谢活动来应付，这就是我们所说的冬眠，蛙就是这样的一种动物。当外界温度降至19℃以下，蛙就潜伏在稻田沟渠，池塘深处的淤泥里，进行冬眠。这就是在刚才的实验中看到的蛙在温度降低时开始掘细砂，并最终停止活动。很多哺动物也有冬眠的现象，如：一种地松鼠，在冬眠时心脏跳动每分钟只有二三十下，其体温也降至4.2℃。松鼠不仅有冬眠的习性，与酷暑到来时，有些身体蜷缩起来，钻进用叶铺成的窝中酣然大睡，它们的体温可随着代谢的降低而变得冰凉，直至酷暑消退，气温渐凉的时候，这些小动物才醒过来活动。

冬眠的松鼠

鱼的季节性洄游和鸟的迁徙也受环境温度的影响。海洋的水温随季节的变化，鱼类随不同季节水温的变化成群地向着适合它们生活的区域游去。如，鳕鱼在春季向北方游，深秋向南方游。

温度在植物的生命活动中也有着重要的作用。任何一种植物要在一定的温度下才能生长发育，并要求一定的温度范围，超过或低于这个范围的临界温度，都会使植物受到伤害。但植物对低温和高温也有其生态的适应性。如，冬小麦在没有积雪覆盖的情况下，能够在-15℃~20℃的条件下生活；雪莲在冰雪高原能昂首怒放；大多数一年生植物在越冬时自己死亡，仅留下繁衍后代的种子；多年生植物的树皮有发达的木栓组织，植物对高温的耐受力一般在35℃，有些可达45℃~55℃。植物可以通过强大的蒸腾降低体温或以休眠状态度过高温盛夏。

此外，温度对植物在地球上的分布也起十分重要的作用。地球上的水平温度变化是沿着赤道向两极递减。以我国东部地区为例，随纬度增高温度逐渐降低，植物分布也出现不同类型的热带雨林、常绿阔叶林、落叶阔叶林、落叶针叶林。

地球上的温度不仅随纬度变化，而且随海拔的升高而降低，因此，也引起不同高度的植物的垂直变化。

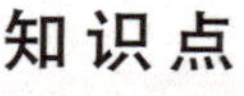

知识点

电磁波

电磁波，又称电磁辐射，是由同相振荡且互相垂直的电场与磁场在空间中以波的形式移动，其传播方向垂直于电场与磁场构成的平面，有效地传递能量和动量。电磁辐射可以按照频率分类，从低频率到高频率，包括无线电波、微波、红外线、可见光、紫外光、X射线和伽马射线等等。人眼可接收到的电磁辐射，波长大约在380～780纳米之间，称为可见光。只要是本身温度大于绝对零度的物体，都可以发射电磁辐射，而世界上并不存在温度等于或低于绝对零度的物体。

延伸阅读

摄氏温标与华氏温标之比较

摄氏度是目前世界使用比较广泛的一种温标，用符号“℃”表示。它是18世纪瑞典天文学家摄尔修斯提出来的。摄氏度＝（华氏度－32）÷1.8。其结冰点是0℃，在1标准大气压下水的沸点为100℃。现在的摄氏温度已被纳入国际单位制，摄氏温度的定义是$t=T-T_0$（T定义为273.15K，摄氏度规定为开尔文用以表示摄氏温度时的一个专门名称。）

华氏温标（符号为°F）规定：在标准大气压下，冰的熔点为32°F，水的沸点为212°F，中间有180等分，每等分为华氏1度。1714年，德国物理学家华伦海特（1686—1736）基于虎克的研究，将冰与盐混和后，所能达到的最低温度定为0°F（－17.7℃），而概略地将人体温度定为100°F（37.7℃），两者间等分成100个刻度。至今只有美国、英国仍在使用。

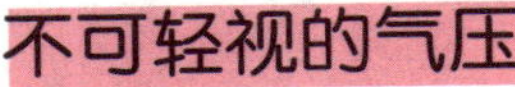

不可轻视的气压

气压的含义与量度

气象台站每天要做天气预报。天气预报的重要依据是气压随时间和空间的变化。一般来讲，一个地方气压降低时多阴雨天气；气压升高时多晴好天气。人们凭借气压计的读数，再参考一些其他气象要素的变化情况，就可以作出简易的天气预报。

大气是具有重量的，大气中任意高度上的气压，就是从该高度起，直至大气上界止，在每平方厘米面积上空气柱的重量，也就是大气在单位面积上所施加的压力，即压强。

大气有压力，早已被人们所证实。最早测出气压值的，是意大利科学家托里拆利。托里拆利将一端封闭的玻璃管（长约 1m，内径截面积 $1cm^2$）盛满水银，倒置在水银槽里，这时管内的水银便下降，待到水银柱下降到高出槽内水银面约为 760mm 时，由于管外水银槽面受到的大气压力与管内水银柱重量相平衡，便不再下降了。气压增大，水银柱上升；气压减小，水银柱下降。

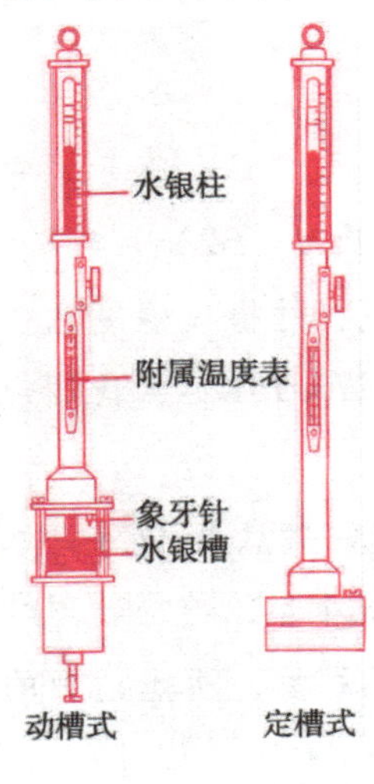

动槽与定槽水银压力计

依据上述实验的原理制成水银气压表，可直接测出较为精确的气压值。设水银气压表中水银柱的高度为 h，水银密度为 ρ，水银柱截面积为 S，则水银柱的重量 $W=\rho ghS$，由于水银柱底面的压强和槽外大气压强是一致的，所以所测大气压强为水银的密度 ρ 为 $13.6\times10^3kg/m^3$，重力加速度 g 约为 $9.8m/s^2$，于以可算出 760mm 水银柱的大气压力为 $1.013\ 25\times10^5$ 百帕（hPa）。其换算为：1hPa = 100Pa，1Pa = $1N/m^2$（牛顿/米^2）

气象上规定，把温度为 0℃、纬度为 45°的海平面作为标准情况时的气压，称为 1 个标准大气压，其值为 760 毫米水银柱高，或相当于 1 013.25 百帕（hPa），1hPa = 100Pa。

现在气象台站测量气压常用的水银气压表，就是根据上述原理制作的。不过增加了一些装置，使读数更加精确，其误差在 ±0.1 毫米水银柱高的范围内。测量气压的仪器还有空盒气压表，它根据外界气压与金属空盒内部压力之差使空盒变形，带动与空盒相连的指针来显示气压的变化。多个空盒串联起来，可以提高灵敏度。空盒气压表使用方便，易于携带。

为节省人力，气象台站还备有自记气压计，它能自动把气压随时间的变化，正确、连续地记录在一张卷纸上。

气压的变化

1. 气压的垂直分布

由于大气层的厚度随高度增高而变薄，空气密度也随高度增高而迅速减小，所以，气压随高度的增高而急剧减小。

根据长期大气测定的结果：当气柱平均温度为 0℃，地面气压为 1 000hPa 时，随着高度升高气压降低。在海拔高度 5.5km 处的气压约为海平面的一半，而海拔高度 16km 处的气压仅为海平面的 1/10。其变化数值低层大于高层。原因是受重力作用，低层空气密度大于高层，因此，低层大气中，单位高度气压差也大于高层。

2. 气压的周期性变化

气压的周期性变化是指在气压随时间变化的曲线上呈现出有规律的周期性波动，即以日为周期和以年为周期的波动。

（1）气压的日变化。根据长期观测发现，地面气压日变化的特点是：在一天中，气压有两次高值，两次低值。两次高值分别在 10 时和 22 时，两次低值分别在 4 时和 16 时左右。纬度越低，这种日变化越明显。热带地区气压日变化的振幅达 3 ~ 4hPa；温带地区则只有 1 ~ 2hPa。同纬度地区在不同季节，日变化幅度也不同，热带海洋，春秋两季要略大于夏季。

低纬地区气压日变化较显著，在天气图分析及台风测算中有一定价值。而在中、高纬地区由于气旋、反气旋的频繁过境，致使日变化不明显，只有在天气稳定的情况下，它才较明显。

(2) 气压的年变化。气压的年变化是以一年为周期的变动。它受气温的年变化影响很大，因而也同纬度、海陆性质、海拔高度等因素有关。在大陆上，冬季气压最高，夏季气压最低，而且年较差也较大，海洋上则是夏季气压最高，冬季气压最低，而且年较差也小于同纬度的陆地。气压的年较差同气温年较差一样，由赤道向高纬逐渐增大。

3. 气压的非周期性变化

气压的非周期性变化是指气压变化不存在固定周期的波动，它是气压系统移动和演变的结果。在中、高纬度地区由于各种气压系统频繁地活动和影响，周期性的气压变化往往为一些突异的非周期变化所干扰，甚至掩盖，如寒潮或台风来临都会掩盖周期性变化而表现非周期性变化特征。

气压场

气压在空间的分布即气压场。气压场有海平面气压场和高空气压场。

1. 海平面气压场

(1) 等压线。在天气分析预报中是用海平面等压线图来表示地面气压的分布特征的。某一时刻等压线图的绘制是在空白地图上，把许多同一时刻实测的海平面气压值填入各测点，利用内插法把数值相等的点联接起来，这些数值系每隔一定间隔顺序递增或递减，这样绘得的等值线就是等压线，由它们组成等压线图。各地点气压的高低分布，就可以一目了然。

(2) 气压场的形式。海平面气压场有如下几种主要形式：

低气压：其等压线闭合，中心气压比周围气压低的区域叫低气压，简称低压。

高气压：其等压线闭合，中心气压比周围气压高的区域叫高气压，简称高压。

低压槽：低压延伸出来的部分叫低压槽，简称槽。若无闭合的等压线，向气压较高一方突出的部分也叫低压槽。槽中等压线转折点的联线叫槽线。

高压脊：高压伸展出来的部分叫高压脊，简称脊。若无闭合的等压线，向气压较低一方突出的部分也叫高压脊。脊中等压线转折点的连线叫脊线。

鞍形气压区：它是由两个高压与两个低压相对组成的中间区域，与马鞍形相仿而得名，简称鞍。

在一张海平面等压线图上，这几种形式可能同时出现。不同的气压场形式会带来不同的天气。

2. 高空气压场

（1）等压面和等高线。由于高空大气运动和地面大气运动存在着密切的关系，要了解天气的演变，单掌握地面的情况是不够的，还必须利用高空资料绘制高空天气图。

所谓等压面，是空间气压相等各点连接而成的面。比如 700hPa 等压面上各点的气压都等于 700hPa。因为气压随高度递减，在这一等压面以上各处的气压值都小于 700hPa，否则反之。利用一系列等压面的排列和分布特点可以表示气压的空间分布状况。

实际大气中由于下垫面性质的差异，水平方向上温度分布的不均匀，同一高度上各地的气压不可能是一样的，因而等压面不是一个水平面，而与地表形态一样是一个高低起伏的曲面。等压面起伏形势是同它上、下水平面上的气压高、低分布相对应的，等压面下凹部位对应着水平面上的低压区域，等压面上凸部位对应着水平面上的高压区域，根据这种对应关系，可求出同一时间等压面各点的高度值，并用类似绘制地形等高线的方法，绘出相对于海平面的高度线以表示等压面形势，这种图称为等压面图。

（2）高空气压场形式。气压场的各种形式统称为气压系统。气压系统是三维空间的，高空气压系统是用高空等压面上绘制的等位势高度线表示的。由于愈向高空受地面的影响愈小，高空的气压系统与低空相比要相对简单，大多呈现出沿纬向的平直或波状等高线，闭合系统（切断低压，阻塞高压）也有出现，但为数不多。

气压与健康

气压对人体健康的影响，概括起来分为生理的和心理的两个方面。

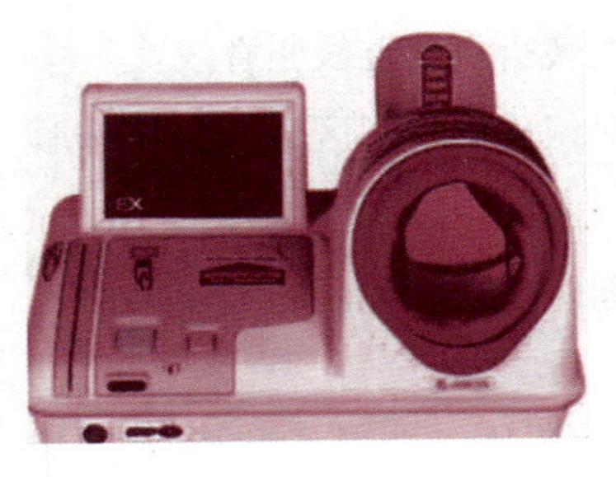
全自动电子血压仪

气压对人体生理的影响主要是影响人体内氧气的供应。人每天需要大约750毫克的氧气，其中20%为大脑耗用，因脑需氧量最多。当自然界气压下降时，大气中氧分压、肺泡的氧分压和动脉血氧饱和度都随之下降，导致人体发生一系列生理反应。以从低地登到高山为例，因为气压下降，机体为补偿缺氧就加快呼吸及血循环，出现呼吸急促，心率加快的现象。由于人体（特别是脑）缺氧，还出现头晕、头痛、恶心、呕吐和无力等症状，甚至会发生肺水肿和昏迷，这叫高山反应。

同时，气压还会影响人体的心理变化，主要是使人产生压抑情绪。例如，低气压下的阴雨和下雪天气、夏季雷雨前的高温湿闷天气，常使人抑郁不适。而当人感到压抑时，自主神经（植物神经）趋向紧张，释放肾上腺素，引起血压上升、心跳加快、呼吸急促等。同时，皮质醇被分解出来，引起胃酸分泌增多、血管易发生梗塞、血糖值急升等。

另外，月气压最低值与人口死亡高峰出现有密切关系。有学者研究了72个月的当月气压最低值，发现48小时内共出现死亡高峰64次，出现概率高达88.9%。

知识点

托里拆利

托里拆利（1608—1647），意大利物理学兼数学家，大科学家伽利略的助手。以发明气压计而闻名。他还发现了托里拆利定律，这是一个有关流体从开口流出的流速的定律。这后来被证明是伯努利定律的一种特殊情况。他是第一个用科学的方式描述风的人，他认为风是产生于地球上的两个地区的温差和空气密度差。

延伸阅读

伯努利定律

在一个流体系统，比如气流、水流中，流速越快，流体产生的压力就越小，这就是被称为“流体力学之父”的丹尼尔·伯努利1738年发现的“伯努利定律”。这个压力产生的力量是巨大的，空气能够托起沉重的飞机，就是利用了伯努利定律。飞机机翼的上表面是流畅的曲面，下表面则是平面。这样，机翼上表面的气流速度就大于下表面的气流速度，所以机翼下方气流产生的压力就大于上方气流的压力，飞机就被这巨大的压力差——升力“托住”了。

实现能量转换的重要机制——大气环流

信风、马纬度和咆哮西风带

大气环流，一般是指具有世界规模的、大范围的大气运行现象，既包括平均状态，也包括瞬时现象，其水平尺度在数千千米以上，垂直尺度在10千米以上，时间尺度在数天以上。某一大范围的地区（如欧亚地区、半球、全球），某一大气层次（如对流层、平流层、中层、整个大气圈）在一个长时期（如月、季、年、多年）的大气运动的平均状态或某一个时段（如一周、梅雨期间）的大气运动的变化过程都可以称为大气环流。

大气环流是完成地球大气系统角动量、热量和水分的输送和平衡，以及各种能量间的相互转换的重要机制，又同时是这些物理量输送、平衡和转换的重要结果。因此，研究大气环流的特征及其形成、维持、变化和作用，掌握其演变规律，不仅是人类认识自然的不可少的重要组成部分，而且还将有利于改进和提高天气预报的准确率，有利于探索全球气候变化，以及更有效地利用气候资源。大气环流通常包含平均纬向环流、平均水平环流和平均径圈环流 3 部分。

古人很早就知道利用大气环流进行航海活动了。明朝三宝太监郑和奉永乐皇帝朱棣之命，从 1405 年起到 1433 年止，前后共 28 年，率领当时世界上最庞大的船队，七次远航，横跨印度洋，到达东南亚、南亚和非洲东岸的许多国家和地区。最著名的有 1492 年哥伦布征服大西洋，发现美洲新大陆，以及 1519—1521 年麦哲伦船队完成人类第一次环球旅行等。当时还没有发明蒸汽机，船行的动力依靠什么呢？依靠风。中外航海家们使用的船只尽管形形色色，各有千秋，但实际上都是帆船，全靠风力吹送。人们很早就发现，地球上有些地带刮风的风向几乎是全年恒定不变的，称为定向风。古代人类每次大规模的航海活动，几乎无一不是在定向风的吹送下完成的。

哥伦布

哥伦布是第一个全面了解并充分利用了大西洋中的有规律风系的探险家。哥伦布从小就迷恋于船只和航海问题，他自称在 14 岁起就开始航海事业。在发现新大陆前，他已经有过好几次航海的经验。根据这些经验，他知道低纬度地区老是吹东风，较高纬度则经常吹西风。所以哥伦布寻找新大陆的第一次航行，是沿着加那利群岛的纬度（约北纬 28°），巧妙地借助东风向西驶去。但在返回西班牙时，他精明地先向北驶到亚速尔群岛的纬度（约北纬 39°），然后才张满风帆，乘着浩荡的西风返回欧洲。

航海家们利用的这种低纬度东风，南北半球都有，北半球以东北风为主，南半球以东南风为主，年年如此，挺讲信用，因此被人们称为“信风”，盛行信风的地带就被称为信风带。古代的一些商人掌握了这个规律，多依靠信风的吹送，来往于海洋上进行贸易经商活动，所以这种风又被商人们叫做“贸易风”。

自从发现了新大陆以后，西欧的商人们争先恐后组织大批船队，装运马匹运往美洲，因为那儿原来没有马，运输和农耕很不方便。奇怪的是，当船队沿着北纬30°附近的大西洋航行时，常常遇到海面上死一般地寂静，没有风，连一丝风影也没有，闷热异常。靠风力推动的帆船，只好无可奈何地在原地打转转，乖乖等候顺风的到来。有时一等就是10天半月。时间长了，马匹因缺少淡水和饲料，纷纷病倒、死亡，水手们一时吃不掉那么多的马肉，最后不得不把死马成批成批地抛进大海。这种不幸的情况在南纬30°附近的海面上也屡次发生。当时海员们恐惧地把这一无风地区叫做“马的死亡线”，又称为“马纬度”。

可是如果谁跨过了马纬度，进入中纬度海域航行，在南北纬40°～50°附近，马上又会遇到与低纬度风向相反的西风。特别是南半球的这一纬度地带，由于没有什么大的陆地，水域非常辽阔，气温和气压的变化干扰少，因此西风更为猛烈而且稳定，达到11级即暴风级以上的大风是家常便饭，在海上掀起狂涛巨澜，又使航海家们胆战心惊。

1488年，葡萄牙人巴托洛梅乌·迪亚士带领两艘小船，沿非洲西海岸向南航行。他们是奉国王之命，期望找到一条通往印度的新航路。在行驶到非洲大陆最南端，也就是大西洋和印度洋的汇合处（接近南纬40°），西方探险家们第一次尝到南半球西风的厉害。当时巨大的风暴把这两叶小舟在大海上吹荡了整整16天，所幸最终他们被吹送到一个岬角上。等风暴平息后，死里逃生的迪亚士带领船员驶入印度洋，原想再继续前进。但船员们已经厌烦了这种冒险生涯，迪亚士被迫返航。他们再次绕过这个海岬时，又遇到更恶劣的天气。心有余悸的迪亚士决定给这个岬角命名为风暴角。但后来葡萄牙国王不同意使用这个不吉祥的名字，他认为这个岬角的发现，使通往富庶东方的航

咆哮西风带

路有了打通的希望，所以改名好望角。

实际上是风暴之角的好望角，就恰恰处在盛行西风带上。自从发现了好望角，这里便以特有的暴风巨浪闻名于世。据统计，这一海区每年有110天出现6～7米高的海浪，就是10多米高的海浪也屡见不鲜。从万吨远洋货轮到数十万吨级的大型油轮，都曾在此相继失事。20世纪70年代以来在该海区失事的万吨级轮船已有10多艘。难怪人们很早就把南半球的盛行西风带，极其形象地称为“咆哮西风带”了。

哈得莱环流圈

随着航海事业的发展，人们急于了解，地球上为什么会有南北对称分布的定向风带和无风带，定向风为什么能这样信守自己的方向，又是什么力量掌握着定向风的方向呢?

早先关于信风成因的解释五花八门，无奇不有。有人说是因为空气轻，气流不能跟着地球表面一起逐日向东移动，从而引起了相对的气流向西运动。还有人异想天开地把信风说成是低纬海面上大量繁殖的马尾藻呼出的空气。

1735年，英国气象学家乔治·哈得莱向公众宣布，他发现了定向风的秘密。哈得莱认为，赤道地区终年受到太阳的垂直照射或近于垂直照射，获得热量多，气温高。空气受热膨胀变轻就要上升，所以赤道地区终年有上升气流。极地地区太阳斜射得很厉害，甚至半年不见太阳，得到的热量少，气温低，空气受冷收缩变重就要下沉。赤道附近的空气上升到一定高度后逐渐变冷，不再上升，就在高空聚积。等到越聚越多，再也容纳不下时，便会分别向南、向北流动，到南、北极上空聚积后再下沉。然后下沉气流又从地面向北、向南吹，再回到赤道附近。这样就在南、北半球的赤道与极地之间，各形成了一个闭合的大环流圈。

哈得莱又用绝对速度守恒的观点推断出信风带和西风带的形成。根据他的理论，空气质点在南北方向运动时，能够保持其起始点时的绝对速度（指空气质点随地球自转一起自西向东运动的速度）不变。赤道附近纬线圈最长，自转线速度最快，空气质点的绝对速度也最大；而到南北极点，则无线速度可言，绝对速度也减到最小。

因此，在北半球地面上，空气在由北极流向赤道时，因高纬地区空气质点的绝对速度较小，开始时随地球自西向东的自转运动吹西北风；到较低纬度时，地球自转线速度越来越快，而运动着的空气质点仍保持起始点时较小的绝对速度不变，这样就会产生相对于地球的向西运动，即由西北风逐渐偏转成东北风。在南半球则高纬度吹西南风，低纬度吹东南风。

哈得莱提出的环流圈模型，轰动了整个世界。当时的一些气象、气候观测，都给哈得莱理论以一定的支持。特别是低纬度地区的空气运动方向和许多天气、气候现象，都可以用哈得莱所发现的环流理论加以解释。

自 1735 年哈得莱环流设想提出以后，有整整一个世纪，人们对哈得莱的环流模式和定向风分布理论笃信不疑。

但到了 19 世纪中叶，随着航海贸易的发展，科学技术的进步，人们对于大海的了解逐渐加深，对于大海上的风观察得更为详细，积累的资料越来越多，发现了许多与哈得莱所描绘的定向风方向不同的现象。例如，事实上北半球中纬度的盛行西风往往是由西偏南方向吹来，而不是像哈得莱所解释的那样从西偏北方向吹来。于是有不少专业的和业余的气象气候学家，接二连三提出了各自的修正模式。大家比较一致的意见是，对于整个地球来说，赤道与极地间的完整环流是不存在的，它受到了干扰和破坏。

哈得莱所提出来的环流圈，实际上仅存在于赤道与纬度 30°之间的低纬范围内。人们为了纪念第一个发现大气环流的哈得莱，就把这个环流圈正式命名为“哈得莱环流圈”。

哈得莱环流圈在北半球的低纬地面刮东北风，南半球的低纬地面刮东南风，这就是有名的信风。同时，在北半球环流圈的高空则刮西南风，南半球环流圈的高空则刮西北风，由于其风向都和各自半球的信风方向相反，被称为反信风，因此人们又把哈得莱环流圈叫做信风—反信风环流圈。

信风最大的特点，就是它的风向几乎是终年不变的。信风带内大部分沿海岸地方的树枝多随常年风向而向西弯一曲，像扫把一样，蔚为奇观。信风的高度，一般可达 1 000 ~4 000 米，平均风速为 4 ~8 米/秒。但随着季节和地区的不同，信风的风速还是有变化的。信风在大陆上较在大洋上微弱得多，特别是大陆的东岸，信风现象很不明显。例如我国位于亚欧大陆的东岸，信风由于被强盛的季风所代替，表现很不明显。

除此之外，信风在太平洋、大西洋和印度洋上的显著程度，也是不一样的。所以，对于信风的“信”字，要有全面的理解。

科氏力与费雷尔环流圈

1792年出生的法国人科里奥利，从小喜欢郊游，他经常跟着老师到野外观察。他发现北半球的大河，都是右岸比左岸冲刷得厉害，而南半球则是河流的左岸比右岸冲刷得厉害。

这种奇怪现象在他幼小的心灵中，留下了难以忘却的问号。他长大后成为著名的数学家和物理学家。经过反复研究，他证明由于地球的自转，在地球表面出现了一种使运动物体的方向发生偏斜的力，叫做地球自转偏向力。后来，人们为了纪念这种力的发现者，也把它称为科里奥利力，简称科氏力。

科里奥利

根据科氏力的理论，地球上任何物体，不论是固体、液体还是气体，只要做水平运动，就一定会受到地球自转偏向力的作用，使其运动方向发生偏向。而且在北半球总是向右偏，在南半球总是向左偏，只有在赤道线上运行的物体没有偏向现象。北半球的河水在流动时也总是向右偏的，所以右岸就比左岸冲刷得厉害。

曾经当过中学教师的美国人威廉·费雷尔，于1856年第一次把科氏力正确应用于解释大气环流。他指出，正是由于科氏力的作用，才使北半球低纬度地面的盛行风向由北风右偏为东北风，高空的盛行风向由南风右偏为西南风。费雷尔根据他掌握的高低纬度间的定向风和环流情况，还破天荒地首先提出中纬度地区也存在一个环流圈。中纬度环流圈的近地面风向，原来是从副热带地区向高纬方向流动的。但由于科氏力的作用，北半球的南风偏转成西南风，南半球的北风偏转成西北风，这就是盛行西风。

一般情况下，总是温度高的地区有气流上升运动，温度低的地区有气流下沉运动，这种因热力原因形成的环流圈，称为正环流。而中纬度地区的环流圈却正好相反，温度高的地区气流下沉，温度低的地区气流上升，这是因动力原因形成的，称为负环流或逆环流。为了纪念费雷尔的这一认识，人们还把中纬度地区的环流圈命名为“费雷尔环流圈”。

不过，由于北半球的中纬度地区，存在着巨大的陆块，陆地和海洋相间分布，使西风带变得比较复杂。例如东亚地区的西风带就被季风所破坏，使冬季和夏季风向发生相反的变化。而在南半球的西风带内，因为没有大的陆块，整年都是盛吹西风，就像低纬度的信风那样非常的稳定，很少有什么变化。

随着岁月的流逝，人们对大气环流的认识也不断深入。1941 年，美国气象学家罗斯贝分析了世界各国科学家的意见，综合各种环流模型方案，提出了全球的“七压六风”带和半球的三圈环流模式，即每个半球的低纬、中纬、高纬各有一个环流圈。这一理论比较符合现代的科学实际观测结果。

大气环流“三字经”

有趣的是，究竟什么是大气环流，至今在气象学中还没有一致公认的明确定义。不同的人对大气环流有不同的理解，如有人认为是：“大气圈内空气的平均运动情况”，有人认为是“大气圈内各种气流的总和”等等。但一般认为大气环流是指环绕在整个地球表面上的、大规模的空气运动现象。这种运动的水平空间尺度以千米计，垂直空间尺度在 10 千米以上，时间尺度在 1 ~2 天以上。

三圈环流仅是大气环流的主要表现形式之一（全球性的气压带风带又称行星风系），季风环流也是大气环流的一个组成部分。大气环流构成全球大气运行的基本形势。通过大气环流的作用，可以把地表的热量和水分等从一个地区输送到另一个地区，从而引起各种天气类型的出现和变化，对一个地区的气候异常、旱涝变化和世界各地气候类型的分布，都有极其重要的作用。

我们可以把三圈环流的形成过程，以及因环流而形成的地面气压带和风带等情况，集中概括为 3 句话：“太阳辐射使其动，地球自转使其偏，海陆分布使其分。”即为“动”、“偏”、“分” 3 个字，这就是大气环流的“三字经”。

先说太阳辐射使其“动”。是什么力量迫使近地面的大气发生运动呢？是气压梯度力。由于大气中气压分布不均匀，当两地气压有了差别，就像水总是从高处往低处流一样，空气也总是从气压高的地方流向气压低的地方，这就是风。而这个促使大气由高压区流向低压区的作用力，就叫做气压梯度力，它是空气最初开始运动的起动力。但大气中气压之所以有高低，是因为近地面大气的温度有高低；而气温不同的原因，则是由于太阳辐射在地球表面分布不均所致。因此，空气发生大规模运动的最根本原因，还是由于太阳辐射在地球表面的不均匀分配。

在赤道和低纬度地区，每年获得的太阳辐射热量多于支出的热量，使这里近地面的气温逐渐增高，空气上升气压不断降低，形成赤道低气压带。相反，在极地和高纬地区，由于支出的热量多于从太阳辐射得到的热量，近地面的气温逐渐降低，空气下沉，气压不断升高，形成极地高气压带。这样，在极地和赤道之间的地面上，就形成了明显的气压差，气压梯度力的方向从极地高压带指向赤道低压带。假如地球不自转的话，大规模的气流将从极地沿着地面吹向赤道。而赤道上空因空气聚积形成高气压，极地上空因空气逸散形成低气压，所以气压梯度力的方向是从赤道指向极地，这样就形成了如哈得莱所描述的那种赤道与极地间的闭合环流。

但实际上这种闭合环流圈是不可能存在的，因为地球一刻不停地在自转着。只要大气一开始运动，不论运动的初始方向如何，都要受到一种由于地球自转而产生的地球自转偏向力也即是科氏力的作用。这种力就像“魔鬼”一样，紧紧死跟着运动的大气，迫使在北半球运动的气流向右偏，在南半球运动的气流向左偏。这就是所谓的地球自转使其“偏”。

赤道标志

以北半球为例，在赤道地区的高空，大气是由南向北运动的。大气一旦开始向北运动，偏转力就出现，南风逐渐偏转成西南风。在这股气流到达北纬 30°附近上空时，风向已经偏转到与纬线平行，再也不能继续向北流动，而是变成自西向东的运行。于是，空气就在北纬 30°左右的高空停顿堆积起来，等再也容纳不下时，便产生下沉气流，在近地面发生空气堆积，形成副热带高气压带。空气在下沉过程中，气温不断升高，水汽蒸发殆尽。因此在盛行下沉气流的副热带高气压区，天气多晴热干旱，弱风甚至无风。16 世纪时令商人们大惊失色的马纬度，即位于副热带附近。

下沉聚积在副热带地面的气流，一部分向南流回赤道，由北风偏转成东北信风，构成低纬环流圈；另一部分向北流，并在北流过程中右偏为西南风，即盛行西风。与此同时，从极地高压带地面向南流的气流，也逐渐右偏转成东北风，称为极地东风。向北吹的盛行西风和向南吹的极地东风，在北纬 60°的副极地附近相遇交锋，互不退让，只好向上升，形成副极地上升气流和副极地低气压带，这也是动力原因造成的，与热力原因造成的赤道热低压不同。这股上升气流到达高空，又分别向南、北流动，流向副热带和极地的上空，补充各自的下沉气流，分别构成中纬环流圈和高纬环流圈。

南半球的情况与此大体一样，只是方向相反。这样在整个地球上就形成了 7 个气压带和 6 个风带，即“七压六风”。

一年之中，太阳的直射点位置是有变化的。北半球夏至日前后，太阳直射北回归线附近，地球上的气压带和风带都向北移动，北半球的东北信风带在大西洋上可向北延伸到北纬 35°。这时南半球的东南信风也“偷偷”越过赤道，但它的运动方向仍不得不遵守“向右偏转”的规则，由东南风右偏变成西南风。而在北半球的冬至日前后，太阳直射南回归线附近，气压带和风带向南移动，使北半球的一部分东北信风越过赤道，遵从南半球水平运动物体向左偏斜的规则，由东北风变成了西北风。

再说海陆分布使其“分”。“七压六风”是大气环流在均匀的地球表面上的情况。但地球表面特别是北半球由于海陆差异和地形起伏等因素的影响，大气环流的实际分布，远较上述模式复杂得多。我们已经知道，海洋和陆地的热力性质是大不相同的。热的地面有利于地面低压的形成，冷的地面有利于地面高压的形成。这就使得北半球的副热带高压带和副极地低压带的带状发生破碎，分裂成一个个单独块状的高低气压活动中心。

例如在北半球的夏季，由于低纬大陆是热源，海洋是冷源，原来位于高压带的低纬大陆上形成热低压中心，海洋上的高压则得到加强。这时的副热带高压带即为大陆上的印度热低压和北美热低压所切断，仅在海洋上保留了夏威夷高压（北太平洋）和亚速尔高压（北大西洋）。到了冬季，高纬大陆变成冷源，海洋成为热源，原来位于低压带的高纬大陆上形成冷高压中心，海洋上的低压得到加强。这时的副极地低压带则为大陆上的西伯利亚冷高压和北美冷高压所切断，仅在海洋上保留了阿留申低压（北太平洋）和冰岛低压（北大西洋）。南半球海洋面积占绝对优势，气压带基本呈带状分布。

天空中的“热机”

大气环流是一部奇特的超巨型热机。这部热机的发热器在赤道地区，即赤道上空的高温大气；冷凝器在极地地区，即极地上空的寒冷大气。这部热机的工作部分，就是看不见、摸不着的大气。

物理学和日常生活中所指的热机，是热力发动机的简称。热机的作用是把热能转变为机械能。无论是年代最早的蒸汽发动机，还是最现代化的火箭喷气发动机，都是为完成这种能量转变而设计的。那么，我们所说的“天空热机”又是怎么一回事呢？

问题还得从头说起。太阳无私地通过辐射方式把热量传给地球。但由于地球总是斜着身子围绕太阳公转，所以太阳射到地球上的热量就在不同纬度上有了差异，赤道和极地是差别最大的两个地区。

赤道地区在一年中从太阳辐射得到的总能量，大约是极地地区的2.5倍。地球在吸收太阳热量的同时，也有部分热量散失到宇宙空间中去。北纬40°以南和南纬35°以北的赤道两侧地区，在一年中从太阳辐射得到的热量，远远大于向外放出的热量，热量是有盈余的。地球上除这一地区以外的其他地区，每年从太阳辐射得到的热量，小于每年向外放出的热量，是热量亏损区。如果热量盈余区的热量无限制地增长下去，热量亏损区的热量无限制地亏损下去，势必造成赤道区的极端高温气候和极地区的极端严寒气候。然而不必担心，事实上并没有出现这种极端情况。

辐射差额温度是指根据理论计算，某地吸收的太阳辐射热量，与散失的太阳辐射热量的差额在温度上的表现。

究竟是什么因素缓解了极地无限制冷下去和赤道无限制热起来的极端情况的出现呢？许多人提出了自己的见解。其中，前苏联科学院院士 B·B·苏列依金教授提出了“第一类热机”的观点。他认为，由于赤道地区得到的热量多，极地地区得到的热量少，形成了类似热机一样的“热源”和“冷源”。这种热源和冷源是由于赤道和极地间的温度差所造成的。这部巨大的“热切”推动了 20～25 千米厚的大气层，做大规模的经线方向的运动，形成了势不可挡的大气环流。大气通过环流运动，源源不断地把低纬地区的热量传递到高纬地区，使之达到热量收支平衡。难怪赤道不会无限制增热，极地也没有无限制变冷。

苏列依金的看法是符合地球表面的冷热分布事实的，所以非常令人信服。后来，又有人提出，地球上除了这种赤道—极地间的热机现象外，还有因陆地、海洋的温度差异而形成的一种热机现象。不过这种热机远远比赤道—极地间热机的“功率”小。人们把地球经线方向上的“热机”称为“第一类热机”，海陆间的“热机”称为“第二类热机”。

大气中“第二类热机”的作用，表现在大气环流对于海洋和陆地间热量的调节。冬季，大陆冷海洋热，海洋气流携带热量上升到高空，通过环流的作用运送给陆地；夏季则相反，大陆热海洋冷，大陆气流携带热量上升到高空，通过环流的作用运送给海洋。

大气在输送热量的同时，也输送水汽。大气环流也是水汽输送和转换的最大调节器。大气环流在地球表面的水分循环过程中，起着不能替代的重要作用。这种作用不仅对地球上各地气候的形成关系重大，就是对于整个地球表面自然地理过程的实现，也有重大的影响。

瑞典人斯凡特·博丁在《天气与气候》一书中对此深有感情地评价道：“我们可以把包括大气和世界大洋在内的这一整个体系，看作是由太阳驱动的一部热动机。这部热动机能显示出惊人的风云变幻。它给了人们美丽的夏天，它在天空闪耀电光；在北方，冬天它以雪花把一切覆盖成白茫茫一片。它可以是残酷和严厉的，但它也会情意深长地关心我们，送给我们和煦的春风，让我们在温暖的夏天躺在绿草上，欣赏云彩变幻的奇景。这部热动机无休止地工作，把热量从赤道输送到南北两极，使地球大部分地区的生命都能生存。”

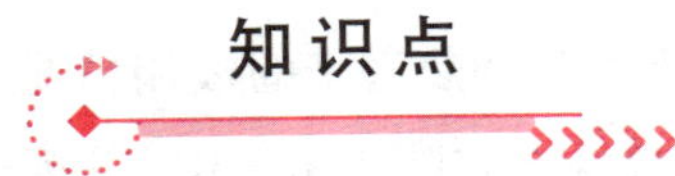

知识点

角动量

我们知道，要测量一个直线运动的物体运动快慢，可以用速度来表示，那么物体的旋转状况又用什么来衡量呢？一种办法就是用“角动量”。对于一个绕定点转动的物体而言，它的角动量等于质量乘以速度，再乘以该物体与定点的距离。物理学上有一条很重要的角动量守恒定律，它是说，一个转动物体，它的旋转速如果不受外力矩作用，它的角动量就不会因物体形状的变化而变化。例如一个芭蕾舞演员，当她在旋转过程中突然把手臂收起来的时候（质心与定点的距离变小），她的旋转速度就会加快，因为只有这样才能保证角动量不变。这一定律在地球自转速度的产生中起着重要作用。

延伸阅读

赤道无风带

赤道无风带是出现在赤道附近对流层底层风向多变的弱风或无风带。据近代气象资料分析，明显的系统性无风带出现在西南季风与东北信风（北半球）或西北季风与东南信风（南半球）之间的过渡带（季风槽类型的热带辐合带）。它主要发生在西太平洋夏季风盛行时期，其位置近于东西向，可离赤道较远。过去曾把无风带解析为两半球信风之间的地带。近代观测表明，北半球的东北信风与南半球的东南信风常常在赤道附近辐合，但风力并不一定减弱（信风槽类型的热带辐合带）。赤道无风带的位置随热赤道在一年中沿经圈方向移动而变化，但时间上稍为后延。它控制下的天气特点是气压低、湿度大、多云、多雷暴，是海上航行时要避开的区域。

大气的旋转运动

在地面天气图上，我们经常可以看到一些等压线闭合的高压或低压中心。根据风压定律，并考虑地面的摩擦作用，对北半球的情况，将分别形成顺时针和反时针的气流旋转方向。

高压中心相对应的顺时针方向气流运动叫做反气旋，而低压中心相对应的反时针方向气流运动则叫做气旋。气旋和反气旋一般是椭圆形的，其大小相差很大，如前所述，约从500 千米至5 000 千米。

由于地面的摩擦作用，四周的气流向气旋中心会合（气象上叫辐合），这种辐合势必引起空气的上升运动（就像两列火车相撞，其头部必然上抬一样）。地面空气上升，空气中的水汽就要发生相变，往往成云致雨，所以气旋区中所对应的大多是坏天气。相反，在反气旋区中，由于地面气流由中心向四周流出（气象上叫辐散），所以高空气流必定下沉来补充流失的空气。下沉运动则没有云雨生成，因此反气旋区中天空晴朗。

大气中类似气旋的运动很多，台风就是发生在热带洋面上急速旋转的气旋性大涡旋。在习惯上，我们把发生于北半球东经 180°以西的西太平洋地区的热带气旋称为台风。而发生于东太平洋和大西洋地区的称为飓风。在孟加拉湾发生的则称为孟加拉湾风暴。台风中心附近的最大风力可达到 8 ~ 11 级（相当于 17. 2 ~ 32. 6 米/秒），超过此值的叫强台风。这里的风力系指一分钟内的平均最大风速，而实际上发生的瞬时阵风还要大得多。

台风是最有破坏力的自然现象之一，其猛烈程度与持续时间都是少见的。其所到之处，狂风、暴雨以及风暴大浪交织在一起威胁着人民生命和财产的安全。仅以 1970 年的茜莉亚飓风为例，就造成了 4. 5 亿美元的财产损失，而这在美国历史上最严重的台风中才占第六位。当然，由台风带来的降水，对于解除旱情往往能起到积极作用。

台风也是极为壮观的自然现象之一，由气象卫星上可以清晰地摄得台风的照片，那具有特征的螺旋云带一望就知是台风。自从气象卫星发射以来，人们

台　风

就没有放过一个台风，而在此以前，由于台风发生在海面上，往往不易为人们所发觉。

它与气旋的不同之处在于中心有下沉气流，这是台风的特点。有下沉气流的区域称为台风眼，眼区直径一般为20～40千米，大台风可达60～80千米。眼区中由于盛行下沉气流，所以天气晴朗，可谓是风和日丽。眼区周围是高耸的云墙，眼区之外则是台风的内核区，这里狂风暴雨、乌云密布，是台风最易产生灾害的区域。所以台风过境时，先是狂风暴雨，之后有1～2小时的暂歇，这时风平浪静，天空放晴，标志着眼区到来，眼区过后狂风暴雨则接踵而至。由温度分布可以看出眼区是个暖中心。

大气中还有一种最强烈的涡旋运动，这就是龙卷。龙卷的尺度比台风小得多，一般在数十米至数百米，持续时间也只几分钟至几十分钟。大多数龙卷出现在强雷雨时，少数出现在降雨时，有些甚至出现在未降水的浓积云底部。发生在水面上，常吸水上升如柱，犹如“龙吸水”，称为水龙卷；出现在陆上，常会把人畜、器物、树木、石块等吸卷至空中，带往他处，称为陆龙卷。龙卷风的最显著特征就是它的漏斗状云柱，这些漏斗云往往并不垂直，有时甚至接近水平，有时及地，有时不及地。从而使龙卷看来像一条悬挂在空中晃晃悠悠的大蛇，又像一条摆动不停的大象鼻子。

龙卷的尺度虽比台风小得多，但它的强度却比台风大得多。强台风的气压在数百千米范围内下降100百帕；而龙卷在数百米的距离内，气压就下降数百百帕。所以，就单位距离内的气压下降值（气压梯度）而言，龙卷比台风要大几千乃至上万倍。龙卷中的最大风速可达100～200米/秒，比台风大得多。

像台风一样，龙卷中心也有一个比较静稳、弱风、少云的眼区。据少数目击者言，龙卷中心就像一个巨大的空心圆柱，周围旋围的云柱构成高耸的围墙，浓云低垂，就是在白天也像深夜一样暗黑无光，但常有闪电划破长空，把四周照得通亮，形成非常壮观的景象。

据美国统计，龙卷每年要造成7 500万美元的损失（飓风为5亿美元），以及100多人死亡。由于龙卷范围小，出现时间短，所以对它的探测和研究都有一定困难。但是，在运用雷达和目视相配合的办法监视龙卷，及时发出警报方面，已取得一定效果。

知识点

风压定律

根据长期气象实践，得出了风向与气压水平分布的关系。自由大气中风基本上是沿等压线吹的。在北半球，背风而立，低压在左，高压在右；在南球则相反。在摩擦层中，由于风向斜穿等压线流向低压，故在北半球，背风而立，低压在左前方，高压在右后方；南半球则相反。这就是白贝罗定律，又叫风压定律。

延伸阅读

白贝罗

白贝罗（1817—1890），荷兰气象学家，物理学家。1857年白贝罗发现风向和气压分布的关系，称白贝罗定律：“在北半球，观测者背风而立，高压在右，低压在左；在南半球则相反。”1866年首创风暴警报器和危险天气信号系统，发布风暴警报。1873—1879年任国际气象组织第一任主席期间，致力于国际气象观测规范的统一工作。著有《温度的周期变化》、《风暴警报器说明》、《关于统一国际气象观测体系的建议》等。

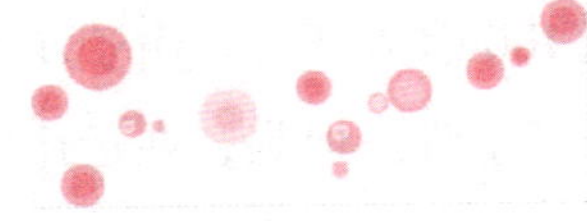

大气层中的奇观异象

大气有时像个魔术师，也会在天空这个大舞台上给我们演出许多神奇无比的“幻术”来。海市蜃楼就是其中的一幕：在往日宁静的远处天空中，突然浮现出“青山绿水”、“亭台楼阁”等奇妙的美景。绿光是很少见的一种有趣的大气光学现象，它出现在日没时太阳最后消失前或日出时太阳最初出现前的一瞬间。各种奇形怪状的太阳出现在天空，突破了人们的常识。虹霓是大气光象中较为常见的一种，它的多姿多彩，给人们留下了无限遐思。晕的奇特形状和多姿多彩，自古以来就为世人所注目。极光那宏大的规模，无与伦比的美丽姿色，千姿百态和瞬息万变的种种特征，令看到的人无不叹为观止。

神奇的海市蜃楼

自古以来，海市蜃楼就为世人所关注。在西方神话中，这种奇象被描绘成魔鬼的化身，是死亡和不幸的凶兆。我国古代则把它看成是仙境，秦始皇、汉武帝曾率人前往蓬莱寻访仙境，还屡次派人去蓬莱寻求灵丹妙药。

现代科学已经对大多数海市蜃楼作出了正确解释，认为蜃景是地球上物体反射的光经大气折射而形成的虚像，所谓蜃景就是光学幻景。

人们知道，光线在真空中或在密度均匀的介质中前进是沿直线方向。光线在密度不同的两种介质中传播时，在通过这两种介质的界面时会改变方向。这种现象叫做光线的折射现象。例如，我们把手指插入盛水的脸盆中，会发现手指在进入水中后出现曲折。

海洋上的海市蜃楼

地球周围的大气层是一种密度不均匀的介质。从地球表面起越往上越稀薄。这样，地面上的物体发出的光线在地平线以上前进时，就是由密度大的介质向密度小的介质中传播。光线会向地表面方向弯曲。因此，站在地面上的人可以看到较远的景物。这种现象称为景物上抬现象。通常情况下的天边上抬，地界延伸，由于习以为常，已不被人们所察觉。然而，当地球表面的大气层比位于上面的大气层的密度大得多，特别是伴有大范围较强的逆温层存在时，就会出现远距离的景物上抬现象。这就是蜃楼现象造成的上蜃虚景。

一般这种上蜃虚景常发生在最容易出现大范围强烈逆温层的海上和北方冰雪覆盖的地方。人们把出现在海上的上蜃虚景称作“海市蜃楼”。例如，1902年俄国科学家探险队队员，在朝鲜附近的日本海中，于曙光之下看见一处小的岛屿，只要太阳升起，岛屿就渐渐消失。后来查看地图才知道，所见的岛屿竟是900千米以外的日本岛。

我国的“海市蜃楼”现象出现最多的地方是山东蓬莱。“蓬莱仙境”的传说，就是指发生在蓬莱北部海上的海市蜃楼现象。八仙过海去寻找的仙境，也正是浮在海上的虚景。因此有“欲从海市觅仙迹，令人可望不可攀”的佳句。今天看来，这传说中的“仙境”，确有真实的物体存在。只是由于折射的作用，给了人一种特别的幻美。

同温带海面上出现的“海市蜃楼”那样，在热带和温带的草原、沙漠上，往往会出现另一种“海市蜃楼”。它又叫“光怪陆离”，阿拉伯人叫它“魔鬼的海”。

有许多关于“魔鬼的海”的记载。古希腊史学家狄奥多最早对此作了生动的描述：在非洲，特别是在没有风的时候，会发生一些令人惊奇的事，空气中会出现各种野兽的影像，有动的，有不动的，它们一会儿离开目击者向别处奔跑，一会儿又跟着他，当它们赶上人的时候，就好像有一层阴冷的雾将人们裹住一样。

英国探险家温士敦，在非洲卡拉哈里沙漠旅行时，这种“魔鬼的海”也欺骗过他。忽然间，前面出现一个湖，碧波荡漾。他和他携带的牲畜正渴极了，于是朝湖的方向奔去，却扑了个空。真正的湖泊还远着呢。

19世纪，一支法国军队在非洲遇到了一件奇怪的事情。队伍在沙漠带行进中，前面的地平线上突然出现一支浩浩荡荡的军队，看上去像阿拉伯骑士那样，引起部队的紧张不安，以为是敌军正在准备迎击呢。法国指挥官只得下令停止行军，立即派出侦察兵前去侦察。这个士兵走了几千米路后，发现那里有一群红鹤在沙地上鱼贯而行。当这个士兵走近鸟群，惊走红鹤时，法国士兵却好像看到另一番奇景：一个硕大的武士正乘坐在一只几米高的怪兽背上，在一个大湖上行进着。

在乌克兰、顿巴斯等草原上，也经常出现这种现象。一本名为《草原里的城市》的书中说：“一道窄狭的蜿蜒着的水流在闪烁着亮光，在它的上空，混乱地出现一些柳树、风车和屋顶的淡蓝色轮廓……它们都是活动的，摇晃的，不可捉摸的……过不久，变模糊了，虚幻地飘浮着，最后消失啦。”

20世纪80年代，人们曾经在叙利亚沙漠地区见到更奇怪的“魔鬼”和彩虹同时出现的奇观：4月的一天，雨季刚过，酷暑已降临，气候多变。天空悬着火红的太阳，一小朵乌云飘过，带来阵阵雷鸣，洒下一阵急雨。突然一弯彩虹高悬天际，那五彩斑斓的虹影下面隐现出一座市镇，蓝色的湖水、绿色的树木、白色的房屋……与彩虹辉映，当人们目不转睛地盯着奇景时，仿佛隔着一层轻纱。渐渐地，那景致消逝得无影无踪。阿拉伯人把雨看得特别贵

沙漠中的海市蜃楼

重，而彩虹是雨神的王冠，它象征着吉祥、幸福。

这些空中楼阁大都是下现蜃景，发生在沙漠和草原地区。那里白昼阳光灼照，沙石吸热快，贴近地面的空气热得快，密度小，而上层空气热得慢，密度大。每当无风或微风的时候，由于空气得不到搅动，上下层空气间热量交换很小，就出现上层空气凉而密，下层空气热而稀的反常现象。这时候，远方比较湿润的一块地方的树木，由树梢倾斜向下投射的光线，因为由密度大的空气层进入密度小的空气层时，会发生折射，折射光线到了贴近地面热而稀的空气层，就发生全反射。光线又由近地面密度小的气层反射回到上面较密的气层中来。这样，经过一条向下凹陷的弯曲光线，把树的影像送到人的眼中，就出现了一棵树的倒影。

由于倒影位于实物的下面，所以叫它“下现蜃景”。这种倒影很容易给人们一种幻觉。水边树影，远处是一个湖泊。

其实，海市蜃楼只是在无风或微风的天气条件下才会出现。当大风一起，上下层空气被搅动，空气密度和温度差异减少了，光线就不再折射和全反射，那么一切幻景也立即消逝了。

知识点

日本海

日本海是西北太平洋最大的边缘海，其东部的边界由北起为库页岛、日本列岛的北海道、本州和九州；西边的边界是欧亚大陆的俄罗斯；南部的边界是朝鲜半岛。1815 年俄国航海家克鲁森斯特恩取名日本海。日本海的水域有 6 个海峡与外水域相通，分别为：间宫海峡（鞑靼海峡）、宗谷海峡、津轻海峡、关门海峡、对马海峡还有朝鲜海峡。目前，日本海的名称在韩国、朝鲜和日本之间存在争议：韩国称之为东海、朝鲜使用朝鲜东海。另有少数中国的民间人士，则使用中国的古称鲸海。

延伸阅读

海市蜃楼最佳观赏点

长岛是中国海市蜃楼出现最频繁的地域，特别是七八月间的雨后。长岛，历称庙岛群岛，又称长山列岛，由32个岛屿组成，岛陆面积56平方千米，海域面积8 700平方千米，海岸线长146千米，是山东省唯一的海岛县，隶属烟台市。长岛是中国的四海福地，拥有“妈祖护海”、“八仙过海”、“张羽煮海”、“精卫填海”四大神话及民间传说人物。据《史记》记载，秦皇汉武都曾不辞跋涉，停步歇马于蓬莱丹崖山畔，望海中仙山，乞求长生。这仙山指的便是长岛，唐诗曾云“忽闻海上有仙山，山在虚无缥缈间”，宋朝的大文学家苏东坡当年曾眺望长山诸岛不由赞叹道：“真神仙所宅也！”《西游记》、《镜花缘》等神话小说更把这里描绘成一个虚幻缥渺，超脱凡尘的世外桃源。

多彩的雨雪

雨，一般是无色透明的；雪，粗看起来像是洁白的。可是，雨有各种各样的雨，雪有形形色色的雪。

世界上下过各种色彩的雨。1763年，我国小兴安岭五营岭区下过一场黄雨，雨滴闪闪发黄，落到地面和屋顶上顿时呈现一片黄色。

1959年春天，白俄罗斯恰乌斯基区落过一场黄雨。几小时后，黄雨停了，水洼中出现一层黄色的粉末。1962年春天，保加利亚卡尔兹哈利城下了场6小时的黄雨，雨后，地面上覆盖了一层薄薄的黄沙。

同是黄雨，来历不同。小兴安岭和恰乌斯基区的黄雨，都夹带了一种黄色的松树花粉，一个来自当地，另一个来自西伯利亚林海。卡尔兹哈利城的黄雨，是巨大的气旋把撒哈拉沙漠的尘沙带到保加利亚上空，随着雨水降落到地面。

1903 年 2 月 21—23 日，欧洲许多国家大约 5 万多平方千米的面积遭到红雨的袭击。1983 年 1 月 6 日，云南红河南岸的绿春县，接连下了两阵血红色的雨。所谓红雨，实际上是大风将大量松散的红土卷上天空，溶于雨中，降落地面。欧洲上空下的红雨，来自摩洛哥的红尘，绿春县的红雨，来自红河两岸的红壤。

还有黑雨、蓝雨呢。1962 年夏天，马来西亚的茂盛港突然降落了一阵黑雨，大雨过后，那里的溪涧和河流中的水，都被搅黑了。原来，这是大风把马来西亚的黑土卷向天空，伴随着雨降落下来。

1954 年春天，美国落过一场蓝雨，这是那里的白杨和榆树粉末，被吹向天空，又伴随雨水降落。1956 年 6 月 13 日，乌克兰基辅下过一次“牛奶雨”，“奶”滴在衣服上留下白色斑点，这是混在雨里的白垩和陶土的尘埃。

梦境中的雪景

1892 年，西班牙的科尔多瓦城，晚上 8 时许，天空闪电，落下带电的雨滴，碰上树叶、墙壁和地面，便产生微弱的、闪耀的电火花，几秒钟后就消失了。

雪和雨一样都是降水，也有闪光的雪和各种色彩的雪。

奇怪的是，古今中外有不少地方，却出现过五颜六色的雪。我国唐代房玄龄所修《晋书·武帝纪》中这样记载过：“太康七年，河阴雨赤雪二顷。”太康是西晋武帝司马炎的年号，太康七年即公元 286 年，河阴约在今河南孟津县，赤雪即红雪。可惜书上未说雪是什么原因变红的。清代乾隆十三年（公元 1748 年）十月，湖南干州县（今湖南吉首市）也下过一场色如胭脂的红雪。

在国外，有关红雪的最早报道，是1760年法国学者德·索绪尔在阿尔卑斯山做出的，这与我国《晋书》上红雪的记录相比要晚了1 474年。据英文版《自然与艺术陈列馆》第四册说："那年索绪尔在斜坡上，看到好几个地方积有残雪。令他吃惊的是，雪的表层好几处都有鲜明的红色。……当他走近去看时，发觉雪的红色是由于混和了一种极细的红色粉末所致，其深度竟达5～6厘米……"书上说，雪之所以红，是一种红色的粉末造成的。但据专家研究，也许是索绪尔把一种红色的雪生衣藻看成了红色粉末。红色衣藻是低等植物雪生藻类中的一种，它在－34℃也不会被冻死，一经温暖的阳光抚慰，就非常迅速地繁殖，几个小时之内便能给大地蒙上一层红色或玫瑰色。在极盛之时，层层相积，厚达数厘米。

19世纪中叶，探险家们曾在南北极地区多次发现过红雪，以及黄雪、绿雪、褐雪和黑雪等彩色雪。据科学家研究，这些彩色雪也是由一种有颜色的雪生藻类大量繁生所"染"成的。藻类大都具有色素体，能进行光合作用。制造养料。由于叶绿素和其他色素在各类藻类中的比例不同而呈现出各种不同的颜色，如绿藻、蓝藻、黄藻、红藻、褐藻等。在雪中生长的雪生藻类，常常出现在南北极和高山地区。在喜马拉雅山海拔5 000米以上的地方，可以见到一望无际的红雪。珠穆朗玛峰和西藏察隅地区都降过红雪。1959年的一天，在南极地区上空，突然彤云密布，紧接着刮起了一阵速度为27米/秒的暴风。暴风过后，飘了一天鲜红的大雪。这是由于暴风把雪生藻类从地面卷到高空，和雪片相遇，粘在雪片上的缘故。

据观察，在红雪区的邻近往往出现黄雪。它主要是由黄色藻类的勃氏厚皮藻、南极绿球藻和念珠藻的大量繁生所造成的。黄色藻类的细胞中含有大量的固体脂肪，而固体脂肪里溶有黄色素，使白雪变成了黄色。

在阿尔卑斯山和北极地区，常会遇到绿雪，它主要是绿藻类的雪生衣藻和雪生针联藻大量繁生所造成的。1902年，一位学者在瑞士高山上发现了一种褐雪，据研究表明，主要藻类是雪生斜壁藻。1910年，一位探险家在牙塔特里亚高山上也发现一种褐雪，但其中主要藻类则是针线藻。至于黑雪，不过是深色的褐雪罢了。

除雪生藻类外，也可能由其他原因造成有颜色的雪。1960年3月下旬一天的夜间，前苏联奔萨州飘下了一片片黄而略呈淡红色的雪花，不久地面上就好像铺上了一层黄色地毯。气象学家说，这一现象是 3 月 21 日在北非发生的一场气旋造成的。气旋把非洲大沙漠里的沙尘大量卷入空中，飘到奔萨州上空后同雪花混在一起降落下来，使雪花带上了这种不同寻常的颜色。

1980 年 5 月 2 日夜间，蒙古国西北部的肯特省巴特诺布和诺罗布林两个县境内，降了一场鲜艳夺目的红雪。经化验，每升雪水中含有矿物质 148 毫克，其中有未溶解的锰、钛、锶、钡、铬和银等化学元素。这些混合物是由地面被风卷入空中粘和到雪花里而形成的。由于雪被污染，1937，1943，1949，1963，1970 和 1979 年，在蒙古国个别地方下过带有红、黄颜色的雪，1936 年秋天在肯特省下过红色冰霜。

1986 年 3 月 2 日，南斯拉夫和马其顿西部海拔 1 788 米的高山上波波瓦沙普卡地区降下了一场黄雪。有关专家解释说，这是由于从遥远的非洲撒哈拉沙漠吹来的强大高压气流和风形成的。

1892 年意大利曾下过一场黑雪。专家研究发现，这是由于亿万个像针尖大小的黑色小昆虫在天空中飞翔，结果粘在雪里降下的缘故。据说挪威下过一次黄雪，那是由于一种松树的碎末被风卷到空中，然后因水汽凝结而成的。

1991 年一支登山队在攀登珠穆朗玛峰时遇到了一场黑雪。黑色的雪花漫天飞舞，使大地和天空笼罩在阴霾中。引起这场黑雪的原因是 1990 爆发的海湾战争。这场战争从 1990 年 8 月 2 日伊拉克入侵科威特开始，到 1991 年 2 月 28 日战争结束，参战各方共出动飞机 10 万架次，投掷了 1.8 万吨炸药，严重污染了大气。特别是石油资源遭到了有史以来最大的一场浩劫，科威特的 950 眼油井被破环，其中被点燃的 600 多眼油井一直燃烧了 8 个月，最多时一天烧掉 80 万吨原油。这些被点燃的油井，每天排放出烟灰超过 20 000 吨，每小时喷发的二氧化硫超过 1 000 吨，烟雾飘散到了几千千米以外，污染了许多国家。海湾战争引起的石油燃烧造成大量的尘埃弥漫扩散，这些黑烟经印度洋上空的暖湿气流向东移动，在飘过喜马拉雅山上空时就凝成黑雪降落下来了。

知识点

小兴安岭

小兴安岭是东北地区东北部的低山丘陵山地，是松花江以北的山地总称。西北部以黑河至孙吴至德都一线与大兴安岭为界；南部以德都至铁力至巴彦一线与松辽平原分界。总面积13万平方千米，其中低山约占37%、丘陵约占53%、浅丘台地约占10%。海拔500～800米。它是黑龙江与松花江的分水岭，是中国主要林区之一。东南部以红松、鱼鳞松、臭松、水曲柳、椴树等为主，西北部以兴安落叶松、白桦为主。珍贵用材树种丰富，木材蓄积量大。

延伸阅读

雪的保温作用

积雪，好像一条奇妙的地毯，铺盖在大地上，使地面温度不致因冬季的严寒而降得太低。积雪的这种保温作用，是和它本身的特性分不开的。我们都知道，冬天穿棉袄很暖和，这是因为棉花的孔隙度很高，棉花孔隙里充填着许多空气，空气的导热性能很差，这层空气阻止了人体的热量向外扩散。覆盖在地球胸膛上的积雪很像棉花，雪花之间的孔隙度很高，就是钻进积雪孔隙里的这层空气，保护了地面温度不会降得很低。当然，积雪的保温功能是随着它的密度而随时在变化着的。这很像穿着新棉袄特别暖和，旧棉袄就不太暖和的情况一样。新雪的密度低，贮藏在里面的空气就多，保温作用就显得特别强。老雪呢，像旧棉袄似的，密度高，贮藏在里面的空气少，保温作用就弱了。

绿色闪光

绿光是很少见的一种有趣的大气光学现象。它出现在日没时太阳最后消失前的一瞬间（或日出时太阳最初出现前的一瞬间），在太阳消失（或升起）于地平线的那一点处产生的明亮绿色点状的闪光——绿彩。

这种鲜艳的绿色真是漂亮极了，任何一位画家也不可能在他的调色板上调出来，就是大自然自己也不可能在别的地方，像植物或海水那里能找到这样美妙的绿色。

众所周知，太阳的可见光有七色，大气对于太阳光的各种颜色光波所发生的折射程度是不同的，红光的波长最长，折射的偏角最小；紫光的波长最短，折射的偏角最大，其他五色居于其间。

为什么我们现在所看到的太阳光是白色的？因为太阳不是一个光点，而是一个光盘，光盘上无数的点都在发光。光点由大气折射作用所产生的各种颜色光波，很容易被相邻发光点混合成为白光。只有当绝大部分的太阳光盘都落到地平线下，仅仅剩下极小极小一部分露出在地平面上时，由此边缘部分发光点通过大气折射作用分离出来的颜色光波，方不会被相邻发光点分离的颜色混合。红光因折射本领最小，最先消失，接着便是橙、黄色，待它两色消失之后就可见到绿光的光辉了。至于青、蓝、紫光因波长短，散射强，在通过漫长的大气层时已经消失或光线已很微弱，所以在绿光以后再也找不到它们了。

用图来解释这种现象，为了简单明了，下页图中仅表示3种主要的光色——红、绿、蓝。假定大气折射分光作用把太阳光分为3个圆盘，各个圆盘的大部分互相重叠，只是边缘的部分才能露出本色光。图中实线圈表示红光，虚线圆表示绿光，点线圆表示蓝光。只有上下最边缘的两个月牙形内才保留了纯色光，中间的两个月牙形是由两种色光混合而成的，而中间的部分，是3种色光合成的光，仍保留着白色。

当日落时太阳只留下上面一条窄条边缘，在空气极为洁净、透明度强的条件下，见到绿光是不成问题的，或者是蓝绿两色混合而成的淡青色光。要想看

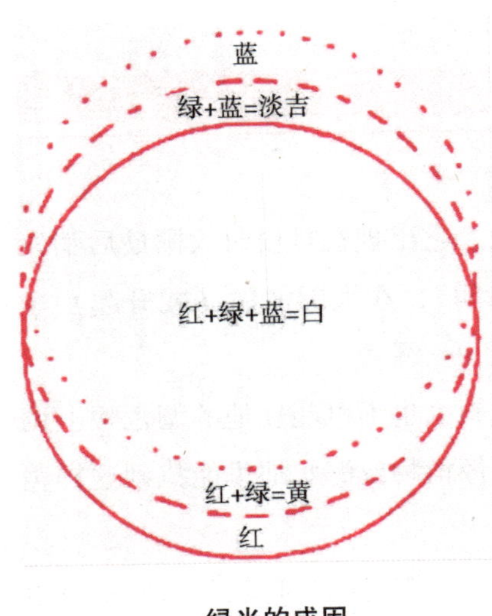

绿光的成因

到太阳的绿光，一定要具备以下3条：

（1）必须在日出或日落的时候，当太阳光盘只露出极少极少一部分在地平面上的那一瞬间。

（2）天空要非常洁净透明。

（3）必须要在一个空旷不阻挡视线的地方。

绿光出现后持续的时间极为短暂，春分和秋分时，绿光的持续时间最短，只有半秒钟左右；冬至和夏至时，绿光能持续一秒多一点；最长也超不过4秒钟。绿光的光彩特别耀眼，所以又有人叫它“绿闪”。等绿光闪现之后，太阳已全部落到地平线以下去了，所以像绿光才是日落时最后闪现的一种难于见到的美妙光彩。绿光是天气晴朗干燥的象征，因此研究绿光，可以预测未来天气的变化。

知识点

秋分

秋分，农历二十四节气中的第十六个节气，时间一般为每年的9月22或23日。南方的气候由这一节气起才始入秋。一是太阳在这一天到达黄经180°，直射地球赤道，因此这一天24小时昼夜均分，各12小时；全球无极昼极夜现象。秋分之后，北极附近极夜范围渐大，南极附近极昼范围渐大。

延伸阅读

太阳的组成与结构

组成太阳的物质大多是些普通的气体，其中氢约占71.3%、氦约占27%，其他元素占2%。太阳从中心向外可分为核心区、辐射区和对流区、太阳大气。核心区半径是太阳半径的1/4，约为整个太阳质量的一半以上。太阳核心的温度极高，达到1 500万K，压力也极大，使得由氢聚变为氦的热核反应得以发生，从而释放出极大的能量。这些能量再通过辐射层和对流层中物质的传递，才得以传送到达太阳光球的底部，并通过光球向外辐射出去。太阳的大气层，像地球的大气层一样，可按不同的高度和不同的性质分成各个圈层，即从内向外分为光球、色球和日冕3层。我们平常看到的太阳表面，是太阳大气的最底层，温度约是6 000K。它是不透明的，因此我们不能直接看见太阳内部的结构。但是，天文学家根据物理理论和对太阳表面各种现象的研究，建立了太阳内部结构和物理状态的的模型。

奇形怪状的太阳

太阳是圆的，这是众所周知的。若有人说："我见过'扁太阳'、'四角形太阳'、'圆柱体太阳'。"你会觉得他是在发表奇谈怪论吧？在大自然里确实存在着异形的怪太阳。

1933年9月13日，美国学者查贝尔在美国西海岸较高纬度的地方观察日落现象时，拍摄到一组十分珍奇的照片：一轮又红又大的夕阳慢慢地西下，开始由圆变成椭圆形，接着由椭圆形变成馒头形，上圆下平，不一会太阳的上半部由弧形变成了直线，最后太阳变成了一个近似于长方形的四角太阳。这是怎么回事呢？

在地球周围大气层中的密度是由下向上逐渐减小的。所以太阳光射进大气层时，不是沿着直线方向前进，而总是偏离原来的方向，产生一定的偏差，就是平常所说的折射现象。由于折射系数的大小与大气密度和太阳高度有密切关系，所以我们平常所见到的太阳光线穿过大气层时总是改变它本来的路径。这样，我们所见到的太阳位置要比它真正的位置高出某一个角度，这角度的大小随太阳高度变化而变化，高度角愈小，折射角愈大，紧靠地平线附近时的折射角达35°之多。只有太阳在天顶时，我们所看到的才是太阳真正的位置，除此之外，都比原来位置要略高一些。由于这种情况，当太阳没落到地平线以下35°处，我们仍旧可以看到太阳在地平线上。

由于上述原因，就影响了太阳在地平线附近初现或消失前的速度，使之沉落时发生变形，有时呈扁形，有时呈奇形怪状。

同样的道理，也可以解释月亮、星星在地平线附近的变形。作者曾目睹着这样的天空画面。那天天气晴好，万里无云，大地静悄悄的。眼见在东方地平线上出现一个红艳艳的光点，由小变大，渐渐变成弧形的光盘，光弧越来越大，逐渐变成了半圆形，从半圆形变成了椭圆形，最后变成了一个扁平的像铁饼似的太阳，悬挂在离地平线不高的空中。

有趣的卡通太阳

这种扁日现象的产生，是由于清晨大气比较稳定、风平、温度也较低，靠近地面的空气密度大于上层空气的密度而造成的。当太阳于地平线下冉冉升起时，光线通过层层变化着的低层空气，就要产生折射作用，使光线产生弯曲。由太阳上部边缘发出来的光线，其所通过的空气层稀薄，折射的层次少，被弯曲的程度也小；从太阳下部边缘发射出来的光线，经过的空气层厚，折射的层次多，被弯曲的程度和抬升的程度不一样，使原来是一个正圆形的太阳，被歪曲成一个扁圆形了。

四方形太阳，也是由于光线通过上下、四周密度不同的空气层时，产生折射、反射等一系列复杂过程后产生的。这种异形太阳不容易出现，因为形成条件比较严格，它必须要在无风无云的好天气里，而且空气中决不能存在六角形的冰晶粒，但是这种条件很难遇到，所以出现四角太阳的机会就太少了。

知识点

折　射

折射，又名屈折，是一个光学名词，指光从一种介质进入另一种介质，或者在同一种介质中折射率不同的部分运行时，由于波速的差异，使光的运行方向改变的现象。例如当一条木棒插在水里面时，单用肉眼看会以为木棒进入水中时折曲了，这是光进入水里面时，产生折射，才带来这种效果。

折射的应用

人们利用折射原理发明了透镜，透镜有凸透镜和凹透镜，细分又有双凸、平凸、凹凸、双凹、平凹、凸凹6种。中央部分比边缘部分厚的叫凸透镜，中央部分比边缘部分薄的叫凹透镜，凸透镜具有会聚光线的作用，所以也叫“会聚透镜”、“正透镜”（可用于近视与老花镜），凹透镜具有发散光线的作用，所以也叫“发散透镜”、“负透镜”（可用于近视眼镜）。透镜是组成显微镜光学系统的最基本的光学元件，物镜、目镜及聚光镜等部件均由单个和多个透镜组成。如，放大镜、望远镜、显微镜等。

彩桥天上架

人类对虹的认识和研究

虹霓是大气光象中较为常见的一种，它那鲜艳的色彩，弯弯的形状，在千千万万的人们的心中，留下了美好的记忆和无限的遐思。

古往今来，无数文人在诗词歌赋中赞美和歌唱它。在古代，迷信也曾给虹霓蒙上了种种神秘的色彩，它被描写为美女、天弓和饮水止雨的怪兽，似乎是天意的预兆和灾难的象征。

虹是什么？它是怎样形成的？古今中外无数的学者都在探索虹的奥秘。

1. 我国古代对虹的认识

我国古代对虹霓的观察和研究，可以追溯到3 000多年前，史料极为丰富。

殷商时代，在甲骨文中就有虹的象形文字，《诗经》中有“朝跻于西，崇朝其雨”的叙述，“跻”指虹，意思是说：早上西方有虹，不出上午必有雨。东汉蔡邕在《月令章句》中说：“虹见有赤青之色，常依云而昼见于日冲。无云不见，太阳亦不见，见辄与日互立，率以日西，见于东方。”这表明当时对形成虹的气象条件，以及虹和太阳的相对位置已有明确认识。宋代邢昺在《尔雅义疏》中，已经把虹和霓区分开来，即“虹双出，色鲜盛者为雄，雄曰虹，暗者为雌，雌曰霓”。其中对虹霓的色彩和亮度的描写也恰如其分。《礼记·月令》中的“季春之月虹始见”，“孟冬之月虹藏不见”，清楚地指出了虹出现的季节规律。

公元前3世纪，庄子曾解释虹的成因；“阳炙阴为虹”，意思是，阳气（太阳）炙烤阴气（水滴）而成虹。南宋文学家刘孝威的诗中有“云树交为密，雨日共为虹”，明确指出了“雨”和“日”是形成虹的两个条件。

彩桥天上架

中唐诗人张志和在虹霓的研究上迈出了重要的一步。他在《玄真子·涛之灵》（《金华丛书》子部）中除指出“雨色映日而为虹”之外，还写到“背日喷乎水，成虹霓之状，而不可直者齐采影也”。这是一条价值很高的史料，说明张志和在人类历史上第一个模拟成功了虹霓，进行了日光色散实验。张志和把我国古代对虹霓，的研究水平推进到一个崭新的高度。

北宋沈括在《梦溪笔谈》中写道：“……是时新雾，见虹下帐前涧中间如隔绡縠，自西东望则见，立涧之东西望，则为阳所烁，都无所睹……孙彦先云，虹乃雨中日影也，日照雨则有之。”沈括对虹作了细致的观察与分析，孙彦先的解释则较前人又进了一步。南宋蔡卞继承了张志和等人的研究，更加明确地指出了观察虹的方法，以及虹霓与太阳的方位关系，并且把虹霓和日晕等大气光象联系起来。

南宋程大昌发现了单个液滴的色散现象，提出了五色光彩来源于日光的看法。明末方以智对日光色散作了综合研究，他在《物理小识》中指出：“映日射飞泉成五色；人于回墙间向日喷水，亦成五色。故知虹霓之彩，星月之晕，五色之云，皆同此理。”

除史书记载之外，民间流传的谚语，也反映了我国古代劳动人民对虹与天气变化关系的经验总结，颇有价值。如“东虹日头西虹雨，南虹北虹卖儿女”，“早虹雨滴滴，晚虹晒破脸”等。自唐宋以后，我国对虹霓的研究和探索虽然持续不断，然而发展缓慢，未取得重大进展。

2. 西方对虹霓的研究

西方第一个试图解释虹的也许是公元前3世纪的古希腊哲学家、科学家亚里士多德。他提出，虹是太阳光从云上反射形成的，光以固定角度反射，给出了弧形的虹线。公元13世纪时，英国的罗吉尔·培根测量出虹在天空的角度大约是42°，霓在虹之上大约8°的地方。

1304年，德国的德奥多里克指出，主虹是阳光经水滴两次折射、一次内反射而形成的。副虹（霓）是阳光经水滴两次折射，两次内反射形成的，并在实验室用装满水的烧瓶证实了他的见解。他对虹的解释仍是粗略的，未能计算虹霓的角度。

1621年，荷兰科学家斯涅耳发现了光的折射定律。1637年法国数学家和物理学家笛卡儿在他的《方法论》中描述了光线在水滴里的路径，找出了产生虹和霓的光线的出射位置，并利用和折射定律计算了虹霓的角度。笛卡儿第一个对虹给出了令人满意的正确解释。

1666年牛顿完成了他的著名的三棱镜对日光的色散实验之后，对虹的色带形成作出了合理的解释。

1801年杨氏发现了光的干涉现象，随后，他把光的干涉理论应用于对虹的研究。1811年法国科学家毕奥最先发现了虹霓的偏振。

1838年英国剑桥大学的物理学教授乔治·艾里把光的衍射理论应用于虹的研究，成功地解释了附属虹的形成原因。

1937年，范德波尔等将米氏散射理论应用于虹霓的理论研究。20世纪70年代，努森兹维格将复角动量理论应用于虹的理论研究，他用复杂的数学处理，提供了关于虹的详细而精确的描述，这是关于虹的最新理论。

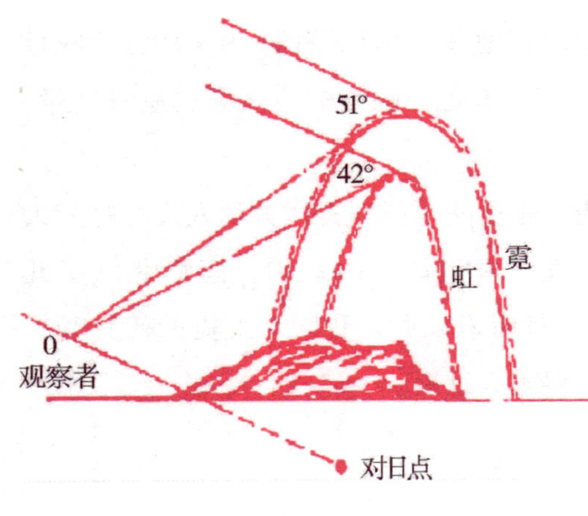

虹和霓的角半径及对日点

下面我们介绍一下笛卡儿的虹理论。

笛卡儿是人类历史上第一个对虹现象作出正确解释的学者，他的论文发表于1637年，他的虹霓理论沿用至今。

经过理论研究和实验研究，笛卡儿得到如下的结论：美丽的彩虹是太阳光射入球状水滴，经过一次内反射之后出射形成的，霓（又称副虹）出现于主虹的外侧，它是光线进入水滴后，经两次内反射之后出射形成的。

笛卡儿精确地计算了光线进入水滴到出射的路径，描绘了完整的光线路径图。

笛卡儿计算出，对于主虹，光线的入射角是59°，最小偏向角是138°；对于副虹，光线的入射角是71°，最小偏向角是130°。笛卡儿预见到，主虹应位于一个圆圈上，圆的角半径为42°，圆心在对日点。霓也是位于以对日点为圆心的圆圈上，它的角半径为51°。

虹霓的颜色

笛卡儿没有给予虹霓的颜色作出合理的解释。1666 年牛顿在棱镜实验中发现白光是由各种单色光混合而成的，棱镜对不同波长的单色光的折射率是不相同的，致使白光通过棱镜后色散成为光谱色带。

太阳光线进入雨滴后，因各单色光的折射率不同，红光的折射率最小（等于1.331），紫光的折射率最大（等于1.343），其余色光的折射率介于二者之间。这样，各种单色光将以稍微不同的角度从雨滴射出，从而形成虹霓的色带。

主虹是阳光在雨滴内经一次内反射产生的，它的色序（颜色顺序）为外红内紫；霓是光线在雨滴内经两次内反射产生的，因此霓的色序为内红外紫。

虹霓是由大量雨滴同时对太阳光的色散作用而产生的，无论是主虹还是副虹，射入观测者眼中的不同色光的虹光线，是分别由不同的雨滴产生的，每一雨滴只把一种色光送入观测者眼中。对每一种色光有贡献的那些雨滴，都位于观测者眼睛与虹（或霓）弧构成的圆锥面上，不同锥面上的雨滴产生不同色光的虹光线。以主虹为例，顶角为40°36′的锥面上的雨滴送到观察者 O 处的光为紫光，顶角为42°18′的锥面上的雨滴则只能把红光送到观察者眼中，余者类推。

显而易见，虹和观察者之间，并没有固定的距离，因此，谈论虹的大小和远近是无意义的，只有角半径才是有价值的参数。当阳光平行于地面射到雨滴上时，虹霓圆弧的圆心（即反日点）位于地面上，观察者看到一个半圆形的虹霓，虹的下半部被地球遮挡住；当阳光斜射时，对日点在地面以下，观察者只能看到少半个圆弧。如果我们能登上高山或乘坐飞机到高空观察，就可以看到整个圆形彩虹。

各种各样的虹

1. 倒影虹

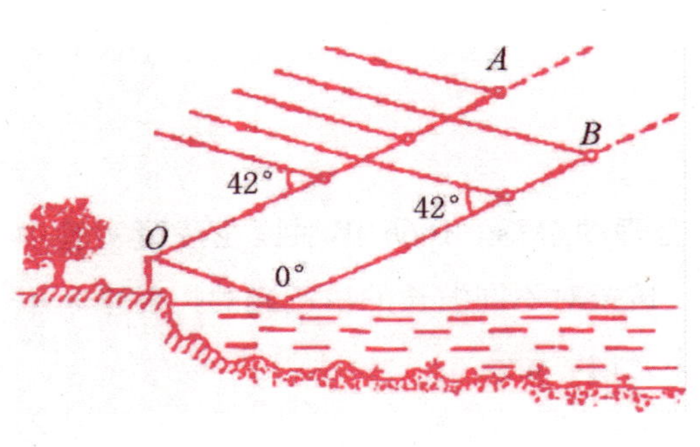

倒影虹的原理

阵雨过后，空气清新，风平浪静，绚丽的彩虹悬挂在东方天际，观察者身后是西下的夕阳，面前是平静的湖面。这时，观察者俯视湖面，会惊奇地发现，湖水中出现了一条倒立着的彩虹。和直接虹相比，倒影虹变得扁平一些。

出现在水中的彩虹倒影，并不是观察者同时在空中看到的那条彩虹直接在水中的倒影。也就是说，空中彩虹是阳光照射在 AO 方位上的雨滴产生的，而倒影虹则是阳光照射在 BO' 方位（$AO /\!/ BO'$）的雨滴产生的笛卡儿光线，射到水面上0°处再反射到观察者眼睛中形成的。

2. 反射虹

观察者背对平如镜面的海面，仰望东方。此时，距离观察者很远的东方正下着大雨，而西边的天空晴朗，阳光四射。观察者也许会发现，在东方有两条彩虹，起初会以为是虹和霓，然而仔细观察之后发现，处于上面的那条彩虹的位置和色序又与霓的特征不相符合，原来它是一条反射虹。

反射虹的彩色光带色序与直接虹相反。反射虹的位置在主虹之上，两者在地平线处相交，而且两者的相对位置随太阳高度而变化；太阳在地平线时，两者重叠。

人们偶尔在天空中看到3条或4条彩虹，这种现象常常与反射虹有关。

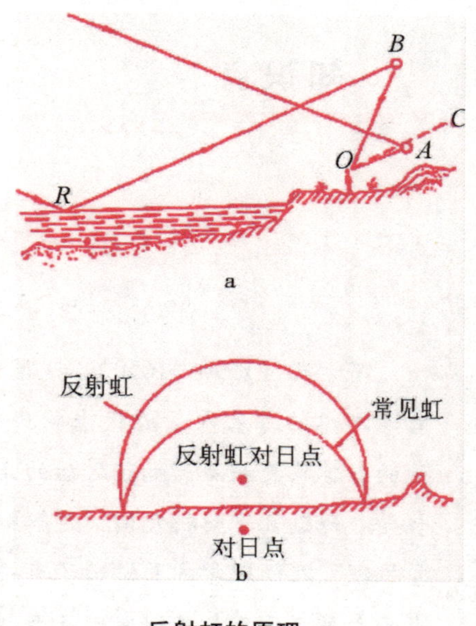

反射虹的原理

3. 红外线虹和紫外线虹

太阳光谱中除可见光之外，还有红外线光和紫外线光。太阳光要通过厚厚的大气层才能到达地面，尽管大气中的二氧化碳、水汽等对某些波段的红外光有强烈的吸收作用，但红外线并未被全部吸收掉，而且红外光穿透能力强，因此射到雨滴的阳光中仍有红外成分，形成人眼看不见的红外线虹似乎是完全可能的，它的位置应在红色光带外侧。然而，长期以来，未曾有人探查到这种虹存在的证据。

1971年，格林勒采用给红外线彩虹拍照的方法，终于得到了喷雾里的红外线虹和天然的红外线虹的照片。这是人类有史以来拍到的第一张红外线虹照片。他所使用的是红外线感光胶片，并用滤色片使可见光不能透过，从而拍摄到800~930nm的红外线虹。

既然红外线虹被证实是确实存在的，于是人们自然会想到，天然的紫外线虹会不会存在？由于大气（尤其是臭氧层）对紫外光有强烈的吸收作用，形成紫外线虹也许是困难的，但在太阳黑子活跃的时候，能否拍摄到天然的紫外线彩虹呢？

4. 原子虹

几何光学和经典粒子力学之间的相似性在1831年已为爱尔兰数学家汉密尔顿发现。原子虹于1964年被许德哈森和保利在媒质原子被水银原子的散射中发现。正如光学虹的角度只依赖于折射率一样，原子虹的角度决定于原子相互之间作用力的强度。原子虹的发现为人们提供了原子相互作用的信息。

知识点

笛卡儿

笛卡儿（1596—1650），法国哲学家、科学家和数学家。他是西方现代哲学思想的奠基人，近代唯物论的开拓者，提出了“普遍怀疑”的主张。他的哲学思想深深影响了之后的几代欧洲人，开拓了所谓“欧陆理性主义”哲学。他创立了解析几何，是解析几何之父。他靠着天才的直觉和严密的数学推理，在物理学方面做出了有益的贡献。他从理论和实践两方面参与了对光的本质、反射与折射率以及磨制透镜的研究。他运用他的坐标几何学从事光学研究，在《屈光学》中第一次对折射定律提出了理论上的推证。他发现了动量守恒原理。他还发展了宇宙演化论、漩涡说等理论学说，虽然具体理论有许多缺陷，但依然对以后的自然科学家产生了影响。

延伸阅读

《彩虹》

《彩虹》是一部英美于1996年合拍的儿童科幻影片，由英国著名老牌明星鲍伯·霍斯金斯担任导演。影片融合了亲情、友情及科幻多种元素，教育孩子珍惜拥有的一切和环保题材贯穿影片始末，是一部适合全家共赏的优秀儿童电影。

一场大雨过后，迈克在废弃的火车站遇到了一条长相奇怪的狗。在这条狗的带领下，迈克见到了彩虹的源头。迈克兴奋地带着好朋友皮特和迪茜来到这里，除了一片呈三角形的发黑的土壤外，什么也没有发现。皮特和迪茜嘲笑迈克吹牛，迈克心中很是失望。迪茜无意间用那些发黑的土壤做试验，发现它们可以发出奇特的光芒。迪茜和皮特找到迈克，希望和他一起寻找彩虹的源头。于是三个小伙伴开始自行研制经纬仪，并用电脑制作地图，只等彩虹的出现。……在彩虹再一次出现的一瞬间，迈克将金块送还到彩虹中。经过一场大雨的洗礼，空气开始变得清新，色彩重新回到了这个城市，人们的生活也恢复了平静。

奇彩怪形的晕

晕在历史上的记载

冬季，我国北方不降雨，由雨滴形成的彩虹自然是藏而不见，然而，人们却有可能看到另一种瑰丽无比的大气光象——晕，这是一种极为罕见的大气光象。

晕是太阳（或月亮）周围出现的一圈相当大的彩色光环，其色序是内红外紫。太阳位于圆圈的中心，圆圈的角半径为22°，或46°，或90°等，日晕的色彩艳丽而明亮，月晕则暗淡而苍白。晕不仅有圆圈状的，还有弓弧和光斑等形状；有彩色的，也有白色的。

当日晕出现时，蓝蓝的天空均匀地浮现着薄薄的卷层云，宛如给天空披上了一层薄沙一般。这种薄幕状的卷层云由细小的冰晶构成，晕就是冰晶反射或折射所引起的光学效应。

晕的奇特形状和多彩多姿，以及晕的罕见，自古以来就为世人所注目。晕与天气的关系密切。晕出现于卷层云中，而卷层云又是风暴将临的前驱云类之一，因此，一般来说，晕是天气即将变坏的预兆。然而迷信却为晕蒙上一层神秘的色彩，它被视为灾难的预兆。

殷商时代，甲骨文已有晕的象形文字，卜辞里还有用晕卜验天气的记录。西周时已有专门的官员从事对大气光象和天气的观测。据《周礼》记载，西周时就将天空光象分为10煇：祲（日月色彩异常）、象（构成某种图像的云

日　晕

气）、镌（包围日月的晕、华）、监（位于太阳上方的晕弧）、蔺（日月蚀）、瞢（日月光昏暗）、弥（假日环、日月柱）、序（各种晕弧依次排列在日旁的情形）、跻（虹）、想（极光、蜃景、宝光、闪电）。在2700多年前，我们的祖先就对大气光象进行了如此深入细微的研究，是值得称颂和自豪的。

商周时代以后，古人对大气光象，如22°晕、46°晕、各种各样不完整的晕环、光斑、光弧等，都作了更细致的观测和记录，给日晕以更加明确的定义，许多名词十分形象逼真，其中有些沿用至今。《晋书·天文志》中列出了17种，即“冠、戴、缨、纽、负、戟、珥、环、抱、背、璚、直、提、格、承、承福、履”，由此可见当时的观测之仔细、水平之高了。

我国历代的史书以及宋代以后的地方志中，都有一些关于晕的详细记载。《魏书》中就有一段精辟的描述：“延昌三年庚申，日交晕，其色内赤黄、外青白；南北有‘佩’，可长二丈许，内赤黄、外青白；西有白晕贯日；又东有一抱，长二丈许，内赤黄、外青。”1978年从长沙马王堆三号墓出土文物中整理出一种《天文气象占》的帛书，使秦汉时流行的大气光象图谱或专辑的一部分失而复得，其中的一些图像，极具科学价值，是我国古代人民对世界科学宝库的巨大贡献。

国外第一篇关于日晕、幻日的记述作于1630年，所以连外国人也不得不承认：“在深入地研究日晕现象方面，中国人远远地走在欧洲人的前面。”

在当今在大气晕象的研究者中，有一人值得一提，他就是《虹·晕·宝光》一书的作者格林勒教授。过去30余年间，格林勒对种种晕象进行了计算机模拟，并与实际的观测资料认真对比，作出了中肯的论述，成绩斐然。

今天，人们对许多晕的形成机制可以说是相当清楚了，然而，有一些晕（有的常见，有的罕见）仍然令人费解。反日弧时常出现，但还不能圆满地给予解释，另有一些晕的解释也不能使人满意。布切尔、埃文斯等人报道，曾见到过椭圆形晕、偏心晕和方形晕等，这些异乎寻常的晕，对于现在的科学家仍然是令人费解的现象。

迄今为止，国内外对晕象的解释，仍然停留在几何光学的范畴之内，波动光学的理论几乎还未被应用。目前需要进行大量的观察工作，在此基础上再进行新的理论研究。

亿万颗银白色的冰晶漫布在浩瀚的天空中，形成一个个优美的光环，仿佛一幅幅绚丽多彩的织锦。美丽绝伦的晕激励着人们去思索，去探究其中的奥秘！

冰　晶

气象观测表明，晕基本上都是在高卷层云中形成的。构成卷层云的物质是冰晶，冰晶是晕这种光学效应的起源。虽然冰晶的形状有许多种，但在大气光学中大约只有4种是重要的，即板状、柱状、带帽盖的柱状和锥状。它们都是六角形冰晶体，除锥状晶体之外，每种冰晶的两个端面都是平行的，且垂直于C轴。冰晶面之间的夹角总是相等的，相邻侧面间的夹角为120°。相间侧面间的夹角为60°，端面和侧面间的夹角为90°，60°和90°的配合几乎是所有晕象形成的原因。锥状晶的角锥是形成罕见的8°和17°等圆晕的关键因素。

冰晶的大小对能否形成晕关系极大，能产生反射、折射作用而形成晕的冰晶的大小，应在10μ到3mm左右。冰晶在通过空气下降时的取向和状态，是形成各种各样晕的原因。

直径近于20μm的冰晶，由于与空气分子的无规则碰撞而呈各种（随机）取向，它们在适当的条件下会形成22°晕和46°晕。直径在50μm到500μm之间的冰晶，由于空气动力的抬升作用，它们的主轴发生取向排列。当主轴与地面垂直排列时，便会形成假日环和假日；当主轴与地面平行时，便会形成晕珥、反假日和光柱等。当冰晶大小达到0.5～3mm时，它们在空中沉降时会打转，于是形成晕的侧弧和正切弧。

晕的分类

晕的分类，可根据其形状、形成的光学机制、颜色以及在天空中的位置来划分。

根据晕形成的光学机制，可将晕分为反射晕、折射晕、反射－折射晕3大类。反射晕有日（月）柱和假日环两种。反射和拆射兼而有之的晕有反日弧和反假日等。除前述的几种晕之外的其余晕，几乎全部属于折射晕。然而，似乎有些晕还与衍射有关。

按形状划分，可将晕分为：圆圈晕（22°、46°圆晕以及假日环）；弧状（如各种切弧）；光斑状（如假日）以及直线状（日柱）。按颜色则可将晕分为彩色和白色晕两类。

反射晕

最常见的反射晕有假日环和日（月）柱。由于不存在折射色散作用，反射晕呈现光源的颜色。

1. 假日环

假日环是穿过太阳而且平行于地面的白色大光环。假日环上所有点的高度角都相等，而且都等于太阳的高度角。太阳的高度角越大时，假日环越靠近天顶，环的角半径越小。假日环因假日（近假日、远假日或反假日）位于此环之上而得名。假日环是由板状和带帽盖状冰晶的侧面（侧面垂于地面），或柱状冰晶的端面（轴平行于地面）对阳光的反射而形成的。

2. 光柱和光十字

清晨或傍晚，有时可以看到太阳上方或下方出现柱状光晕。位于太阳上方的称为上日柱，在太阳下方的称为下日柱。日柱是由板状冰晶和带帽盖的柱状冰晶的端面反射形成的。日柱形成是由于太阳光是平行光，冰晶端面的法线在近地面处是垂直于地面的，愈往上，晶面的法线愈偏离竖直方向。

当冰晶沉降时，法线在竖直方向摆动，这种摆动使得亿万颗冰晶中一些冰晶，符合日柱形成需要的状态。同时，这种摆动也使日柱的晕光稍微扩散。

日柱是反射晕，应具有光源的颜色，因为日柱多出现在清晨或黄昏，因此日柱可以是白色、淡黄色、橙黄色或淡红色，色彩异常漂亮。当光源是月亮时，则形成月柱。月柱的形成原理与日柱相同。

日 柱

不仅日月可以成为光柱的光源，人工光源也可以形成人工光柱。人工光源一般为点光源，发出弥散光。当灯光光源和人眼处于同一高度，而且形成光柱的那些冰晶位于人眼和光源连线的垂分线上，则对光柱晕光有贡献的冰晶的上下表面严格处于水平状态。

形成光柱的冰晶在空中飘浮下沉时，上下表面大致水平，同时不断摆动。由于这种摆动，使得形成灯光光柱的机会大大增加。对灯光光柱有贡献的冰晶，应位于通过光源和观察者铅垂平面之内。当冰晶的上下表面反射的灯光达到人眼时，便对灯光光柱的形成作出贡献。

显然，形成灯光光柱的冰晶上下表面不一定要严格地平行于地面，形成灯光光柱也并不困难。即使人眼和光源不在同一高度，也可以形成灯光光柱。灯光光柱亦有一定的宽度，这不仅是由于灯光光源本身具有一定的宽度，而且冰晶除前后摆动之外，还有左右摆动的缘故。

在日柱形成时，如同时还有与之交叉的光弧（如假日环和圆圈晕的一段水平部分），则形成光十字。

1964 年 1 月 21 日在我国东北的富锦，曾出现“光柱林立”的美景。那天下午 5 时到傍晚 6 时富锦地区一直在降雪。雪后天空无云，有冰针（板状、柱状等）自晴空徐徐降落，从气象站向富锦城方向望去，发现城内向上发射出一片白色光柱，光柱的分布与城内灯光的分布较为一致。城外则见不到有光柱发射。光柱消失时，是自上而下慢慢变得模糊不见的。

1978 年富锦又出现过一次“光柱林立”的奇景。

“晕”出来的假日

传说远古时代，天上有 10 个烈日轮流照耀大地，被烤得四野如焚，土地龟裂，百姓不得安息。后来出了个神弓手——后羿，他为了人民安乐，后羿手挽神弓，一连射下了 9 个太阳，剩下的一个就是我们今天的太阳。这是神话。但在自然界中，确实有人曾见过天上同时出现几个太阳的奇景。

1866 年 4 月某天，前苏联乌克兰地区的百姓，就看到过有 8 个太阳的奇景，看后无不大惊小怪，迷惑不解。

在我国，1963 年 12 月 17 日清晨 7 时 43 分，在小兴安岭五营林区，东山头上突然出现了 3 团白光，过了 12 分钟，东山顶上同时跃出 3 个白色光的太阳，其中的一个光芒刺眼，那是真太阳，其余两个是假的。

1964 年 12 月 15 日，在呼伦贝尔草原的海拉尔，天上布满一层绢薄的白云，飘浮着密密麻麻的冰针。太阳像苍白色的圆盘，并套了一个美丽的风圈，在五彩的风圈上，排列着 4 个白色的圆盘，看上去就像天空中出了 5 个太阳。1971 年 5 月 5 日 9 时 3 分到 10 时 22 分，在小兴安岭上空，曾出现 9 个太阳的怪现象。

1934 年 1 月 22 日及 23 日在陕西出现的日晕，光彩灿烂，构形复杂。一时街谈巷议，众说纷纭。

月　晕

以上种种，在天气现象中都被叫做“晕”。在太阳周围的叫“日晕”，月亮周围的叫“月晕”。当日光（月光）透过由冰晶组成的卷云时，光线受到冰晶的折射和反射，从而形成了“晕”。卷层云一般距离地面 6 ~ 8 千米，云内都是冰晶。由于冰晶形状各异，有柱状、针状、塔状、板状等等，再加上冰晶的排列和取向的不同，使太阳光在冰晶上产生复杂的内折射、外反射等，所以形成了各色各样的“晕”。假日是太阳光在正六角形的冰晶上发生折射而出现的，而且冰晶的排列与地面要垂直，否则就产生不了“假日”。

产生晕的条件是要有冰晶，故此奇晕都出现在高纬度地区。卷云是坏天气系统的前锋，晕又产生在卷云的云体上，所以凡看到出现了“晕”时，说明风、雨中心还远离本地有六七百千米，大约晕出现后十几个小时后或更长一段时间后，天气就要变坏，风雨才会来临。在民间根据观看“晕”来预测天气的谚语留传甚多。如“日晕三更雨，月晕午时风”，“日枷风，夜枷雨”，“月亮打黄伞，三天晴不到晚”……枷和伞都是指晕。

出现晕有可能要刮风下雨，但是，不是每次出现晕后必定要刮风下雨，而还要根据云的发展情况来分析。一般来说出现晕后要刮风下雨的机会总是超过50%。

知识点

月 食

月食，亦称月蚀，是一种特殊的天文现象，指当月球运行至地球的阴影部分时，在月球和地球之间的地区会因为太阳光被地球所遮闭，就看到月球缺了一块。此时的太阳、地球、月球恰好（或几乎）在同一条直线上。月食可以分为月偏食、月全食和半影月食3种。月食只可能发生在农历十五前后。

延伸阅读

月晕效应

心理学借用“月晕”这一自然现象来描述当人们在认识某种事物时，由于个人的心境或对象的某些特征，对它产生了好感，就像月晕一样，觉得它的形象更好、更完美。可是实际上被思想的光环所笼罩，把对象的不足和缺点都忽略掉了。这是一种对个别事物最原始、最简单的认识。它是以直接代替周密的观察、用情绪体验代替理智的判断的认识方式。

比如，在你要与一位朋友见面前，若听到别人介绍：此人具有浓厚的家庭文化背景，为人乐观、开朗，是一位取得双学位的大学毕业生。那么你在与之相见时，对他平平常常的举止却会作出“超常”的评价。如果他动作迟钝，会认为是举止庄重；如果他为人急躁，会认为是直爽大度；如果他讲话随便，你会认为他为人随和，平易近人。

无与伦比的极光

极光在历史上的记载

极光是自然界最为壮观和最为美丽的大气光象。与大气中其他一切光学现象相比，极光那宏大的规模，无与伦比的美丽姿色，千姿百态和瞬息万变的种种特征，自古以来就是最引人入胜的自然奇观。

我国是世界上最早对极光进行观测记载的国家，史书中记载极光现象的历史至少可追溯到公元前687年。在《汉书·天文志》中有一段关于极光的描述：“有流星出文昌，色白，光烛地，长可四丈，大一围，动摇如龙蛇形。有顷，长可五六丈，大四围所，诎折委曲，贯紫宫西，在斗西北子亥间。后诎如环，北方不合，留一刻所。”这次极光于公元前32年10月27日出现在西汉都城长安。我国在古极光的记录研究方面，为世界极光史作出了巨大的贡献。

西方最早的极光记录在公元前4世纪，几乎全部出自罗马和希腊。16世纪后半叶，是太阳活动较剧烈的时期，这期间，英国和挪威都有许多关于极光的记载。在《英皇后伊丽莎白的真事和皇家历史》中记述了1574年的极光：“11月间，从北到南面，燃烧着的云会聚成一个圈。随着夜的来临，天好像着了火，火焰跑遍了地平线以上的所有部分，并在天顶处相会合。”

极光是飘洒在极地夜空上的神秘之光。古代原始人对极光有一种神秘和敬畏的感情。在高纬度地区，极光是司空见惯的现象，在那里有许多关于极光的神话和传说。在西方和我国，古代人常常把极光看成是歉收、饥馑、战乱和国家灭亡的不祥之兆，也有人把极光看成坏天气的征兆。

多彩的极光

今天，人们已经认识到极光是一种自然现象。经过几个世纪的观测、探索和研究，极光之谜已逐渐被揭开。人类已经知道，太阳风与极稀薄的高层大气的猛烈撞击，使大气分子或原子激发到高能级，当它们“跃迁”到低能级时，便发出色彩艳丽的极光。

大极光出现时，它那美丽的姿色和千变万化的形态是无与伦比的。世界著名的极区探险家南森，在《最遥远的北方》一书中有一段关于极光的绘声绘色的描述：“黄昏时分，我走上甲板，周围漆黑一片。只过片刻，前面的印象还未消失，我再次走到舱外，简直出现了一种超自然的神奇现象。北极光以无与伦比的能量和美艳在天空中闪现，发出彩虹般的光泽，以前很少能见到过如此鲜洁的颜色。

一开始，最主要的是黄色。但又不断地有绿色在其中闪耀晃动，随后在弧的下缘射线根部开始显示出红宝石似的光亮，并立刻扩展到整个弧。一会儿，从西边远方的地平线上冒出一条不住扭动的巨型火蛇，它翻滚到空中。随着巨蛇的到来，天空被照耀得愈来愈亮。巨蛇一分为三，全都烁烁生辉，闪闪变色。南面的巨蛇化为红宝石似的红色，并间有黄色的亮点，中间的巨蛇为黄色，而北面的巨蛇为发绿的白色。一束束射线沿着这些蛇的身子边沿扫掠，酷似大风暴时的波浪。它们前后摆动，光亮时强时弱，反反复复。这些巨蛇冲过天顶，并越了过去。……当我再度回到甲板上时，大团大团的光从南向北飞驰，并在北方天空中舒展成一条完整的弧。如果人们想解释自然现象的神秘的内涵的话，我想这就是一个机会。”这段栩栩如生的描写，也是对极光的形状和颜色的生动写照。

极光的形状

极光的形状，主要有下述几大类：弧型、带型、平面型、帷幕型、光线型和放电型等。弧型是在地平线上呈现为弧状的极光。弧的外表如同彩虹或稍稍弯曲的圆弧，它具有规则明显的底边，一般并不很明亮，呈黄绿色，或白色。在水平方向亮度均匀，底边最亮，向上逐渐变暗。

带型极光是一条透迤的光带。带型极光有一个多多少少连续的边缘，它们可能是均匀的，也可能是射线式和分层式的；可能是单个的，也可能是多重的，其垂直高度常常为数百千米，而东西方向的长度往往可达数千千米，厚度却只有几百米。我国古代司天官所看到的龙和南森记载的火蛇，都是这类极光。

S 状极光

平面极光是指整个天空或者相当广阔的部分呈现一片朦胧依稀的光的状态。帷幕型极光是名符其实地呈现出帷幕般的形状。在古代极光的绘画中也经常看到这种形状的极光，自古以来就为人们所熟知。这种极光非常明亮。它的下部边缘高约 100km，上部边缘逐渐变暗。高度可达 300 ~

400km，厚度却不到1km，长度可达几千千米。帷幕上有褶纹，朝上的褶纹和当地的磁场方向一致。

光线型极光是向上伸延的光线，有时这种极光单独出现，但更多的情况是与弧型和带型极光一起出现。放电型极光则呈放射状。极光的形状随极光活动程度而变化，也与观看的角度有关，由于观看的角度不同形状会大不一样。另外，透视效应对极光的观测也具有重要的影响，这一效应我们在曙幕辉线中也曾提到过。

极光的颜色和亮度

大量的观测说明，极光的颜色是多种多样的，有相当纯的艳色，也有混合色。极光中出现最多的是绿色，还有白色、黄色、红色、蓝色和复合色等。

极光的颜色可分为6种类型。第一类是极光的上部区域为红色，下部的主要区域是绿色，该类型的颜色在带型和光线型极光中常可见到，称为A型极光。在A型极光中，红光强度远大于绿光强度。第二类是极光下缘为红色，以上为绿色，一般称为B型极光。第三类极光的形体为白色和绿色，常常与亮度低和能见度差有关，此类颜色在极光中最为常见。第四类是指红极光，常发生于数百千米的高度上。第五类是指原子氧产生的红光和绿光在形体中不规则分布，或沿极光水平伸展方向交替变化。第六类是以蓝光或紫光为主体的极光形体，蓝光是由电离的氮分子发出的，当它和原子氧的红光混合时，便看到紫色极光。这类极光常在晨昏时看到。

按国际上统一规定，极光的亮度指数从弱到强分为4级。Ⅰ级近似为银河的光亮，是觉察不出的绿颜色；Ⅱ级近似为月光下卷云的亮度，能见到绿色；Ⅲ级近似为月下积云的亮度，比卷云亮10倍；Ⅳ级为最亮，它在地面上提供的亮度相当于满月时的月光，是夜空中最强的发光现象。

极光带和极光的高度

究竟地球上的什么地方可以看到极光，又是什么地方看到极光的机会最多呢？自古以来，人们总是以为，愈靠近极地，看到极光的机会就愈多。事实果真如此吗？历时两个世纪，经过十几代人的艰苦探索，极光在地球上的分布已经基本上清楚了。

英国化学家、气体分压定律的发现者道尔顿（1793 年），德国地理学家蒙克（1833 年），美国物理学家罗密斯（1860 年），瑞士工程师弗利兹（1881 年）和卡普曼（1953 年）等，都研究过极光出现率的分布区域问题。经过他们的研究发现，极光出现率最大的地区，是在地球北极周围一个不大规则的环形带状区域上，称为极光区（又称极光带）。在这区域之外，愈接近极地，或者愈往赤道方向前进，极光出现率迅速减小。

人们还发现，极光区并不与地球的地理纬度圈对应，而是与地磁纬度相对应。地球上除有地理极外，还有地磁极。地磁北极距地理北极约 1 400km，在加拿大的伊丽莎白女王群岛（北纬 76°，西经 100°，1975 年）。地理极的位置基本不动，而磁北极在地球上的位置现在以每年大约 8km 的速度向西北方向漂移运动。

极光区是极光出现率最大的区域，它位于距地磁北极 22. 5°的一个环形线附近，即极光区是磁纬 60°～75°的环形带。

极光同时出现的地区，在地球黑夜的一侧，即背着太阳的一侧，地磁纬度是 65°～70°，而向着太阳的白昼的一侧，地磁纬度高达 75°～80°

从整体上看，这是一个环状的卵形或椭圆形地区。为了同极光带加以区别，这一椭圆环形带称为极光卵（又称为极光椭圆带）。极光带和极光椭圆带的关系如极光区是一固定的地带，而极光卵则每天绕地磁极地旋转一周。

绚丽的极光

极光卵的位置和形状随太阳活动的情况而变化。太阳比较平静时，极光几乎是圆的，靠近磁极；太阳活动中等时，极光卵位于平均位置上；

当太阳发生大耀斑时，极光卵向赤道方向扩展。

日月晕、华、虹、宝光以及海市蜃楼等太空光象，出现在离地面10余千米高的云层中，或在接近地面的大气中。极光出现在天地之间的什么高度上呢？从18世纪开始，这一问题一直是科学家们关心的课题。

最早测量极光高度的人是俄国的玛亚和法国的梅兰德（1733年）。1910年挪威的地球物理学家斯托姆确立了通过摄影测量极光高度的方法。斯托姆所采取的方法是：通过电话将地面上相距几十千米的两个以上的观测点连结起来，在同一时刻摄下极光的几乎相同部位的照片。照片上除了极光之外，还有一些星星。摄影者离星星的距离和极光相比，可以看作是无穷远。把在两个观测点拍摄得到的星星重叠起来，极光就必然会错开。从错开的角度和两个观测点的距离便可求得极光的高度。利用照相的三角测量法。极光高度的测量问题由于斯托姆精确的科学方法而得以解决。

在第二国际极年（1932—1933）和国际地球物理年（1957—1958）期间，用视差法照相进一步取得了大量的观测结果，还用火箭携带仪器直接测量极光亮度及其高度分布，经过国际间合作努力，极光的高度被完全确定下来了。

极光的种类很多，不同类的极光出现的高度一般不同。一般弧型和带型极光的高度低，射线极光的高度较高。B型极光的高度一般为110km左右，最低可达69km，日照极光（高射线极光）的高度可达1 000km。最多一类的极光（如帷幕型、面型和带型极光）的高度在105km左右。

极光形成的奥秘

极光是由大气粒子受到太阳风中的电子和质子的碰撞而发生的，因此，极光实际上起源于太阳风。称电子和质子是极光之母是恰如其分的。

太阳风是由日冕射出的质子（氢离子）和电子构成的热等离子体流。太阳风中的高能电子和质子是如何进入高层大气的呢？地球是一个大磁体，地球磁场是偶极型场，与短棒磁铁周围的磁场的形状相同。这个磁场在两磁极地区最强，距地球愈远，磁场就愈弱。

太阳风进入地球磁场，立即受到强大的阻力。高速的太阳风改变了地球磁场的形状，使它形成了一个彗星状的空穴，称为磁大气层（简称磁层）。磁层主要由高能离子的范艾仑辐射带，等离子体层，等离子体片，中性片，等离子体幔和边界层，极尖区（又称中性点），磁层顶和环电流区等组成。

磁层顶在太阳的向阳一侧，高度约为10个地球半径。磁尾在太阳的背侧，由于太阳风从磁层侧面流过去，把地球磁层拉长，这样磁层拖了一个长长的尾巴，长度可达1 000个地球半径。磁尾的直径约40～60个地球半径。

太阳风也具有磁场，称为太阳风磁场（或称星际磁场），在中性点，由于太阳风磁力线与地磁力线合并的过程，使得这个地方的磁场强度等于零。太阳风的某些粒子常常通过这里进入磁层内部，直接进入大气层的极光高度。

太阳风沿着磁层边界层向后吹过，有一些太阳风粒子渗透到磁层里面，因此在磁尾的等离子体片和等离子层中，挤满了高温离子群，这已为人造卫星的观测所证实。这些高能粒子不仅在磁尾的端部有，而且延续到接近地球的几万千米附近。这样，等离子层如同一个巨大的蓄能器。普通的发电机由转子绕组和定子绕组磁场构成，当转子绕圈在定子磁场中转动时，便产生电流。由于太阳风和磁层的相互作用，使得整个磁层顶成为一个自然的磁流体发电机，称为“太阳风—磁层发电机”，亦称极光发电机。极光发电机产生的横跨磁层的电压高达（4～5）$\times 10^4$V，推动的电流可达数百万安培。在极光发电机中，磁场就是地球磁场，运动的导体就是太阳风中的带电粒子流。

太阳风磁力线和地球磁场的磁力线发生重连，当太阳风穿过这种重连的磁力线时，便产生了电流。地球的电离层构成了极光发电机的外电路。

极光发电机的正极端在磁层顶黎明一侧，而负极端在磁层顶的黄昏一侧。从极光发电机的正极端（黎明一侧）流入电离层的电流，与质子降入高层大气相对应；从极光发电机的负级端（黄昏一侧）流出电离层的电流，与电子降入高层大气相对应。因此，在极光椭圆带的高纬度地区，黎明一侧看到的极光常是质子变为氢原子时发出的弥漫性氢光，而黄昏一侧看到的极光通常是电子与氧原子、氮分子及氮分子离子碰撞而发出的帷幕型极光。这是极光的主要部分的起源。

在极光椭圆带的低纬度地区，黎明一侧可以看到闪烁型极光，而黄昏一侧可以看到朦胧型极光。它们是由来自离地面几千千米至3×10^4km之间的范艾仑带的高能电子和高能质子造成的。

尽管今天科学家利用了宇宙飞船、探空火箭以及其他先进的科学仪器进行探测研究，却仍然未能彻底揭开极光的全部奥秘。还有一些问题并未完全弄清楚。也有一些好像是极光的奇特的发光现象，现有的理论无能为力，一种可能是，极光现象可能不只有一两种解释。极光科学还在发展中。

知识点

道尔顿

约翰·道尔顿（1766—1844）英国化学家、物理学家，被称为“近代化学之父”。道尔顿在化学方面提出了定量的概念，总结出质量守恒定律、定比定律和化合量（当量）定律。在此基础上，1803 年又发现了化合物的倍比定律，提出了元素的原子量概念，并制成最早的原子量表。他也是第一个发现色盲症的人，也是第一个被发现的色盲症患者。为此他写了篇论文《论色盲》，成为世界上第一个提出色盲问题的人。后来，人们为了纪念他，又把色盲症称为道尔顿症。

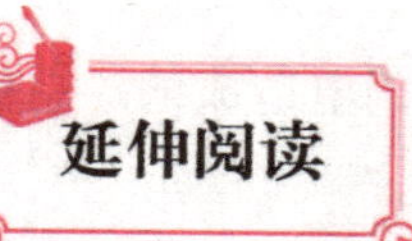

延伸阅读

道尔顿发现色盲的故事

道尔顿在这一年的圣诞节前夕买了一双“棕灰色”的袜子，送给妈妈。妈妈看到袜子后，感到袜子的颜色过于鲜艳，就对道尔顿说：“你买的这双樱桃红色的袜子，让我怎么穿呢？”道尔顿感到非常奇怪，袜子明明是棕灰色的，为什么妈妈说是樱桃红色的呢？疑惑不解的道尔顿又去问弟弟和周围的人，除了弟弟与自己的看法相同以外，被问的其他人都说袜子是樱桃红色的。

道尔顿对这件小事没有轻易地放过，他经过认真的分析比较，发现他和弟弟的色觉与别人不同，原来自己和弟弟都是色盲。

令人恐惧的球状闪电

雷暴雨中，狂风大作，暴雨倾盆，雷声震耳欲聋，闪电的光亮耀眼夺目。大自然以它那雄伟壮观的景象，向人类显示它的巨大威力。雷电的壮观景象以及它对人类生产和生活的影响，很早就引起了人们的注意。公元前 15 世纪，我国殷代甲骨文中就有关于雷电的记载。雷电常常引起灾害，如森林大火，击毙人畜，毁坏建筑物等，闪电是大气中带电的雷雨云对大气的放电现象，是美国科学家富兰克林第一个揭示出来的。

典型的雷雨云中电荷的分布是，大量的正电荷在云的上部，大量的负电荷在云的中下部，少量的正电荷在云的底部。我国科学工作者的研究也证明了云底少量的正电荷的存在。雷雨云中电荷的形成机理，有辛普生的水滴破碎起电理论，威尔逊的水成物极化理论，也有冰晶的热电效应理论等。伊林沃斯在一篇文章中讨论了各种可能的起电机制，认为只有冰晶和结霜的雹块之间碰撞时引起的非感应电荷转移过程最能解释雷暴的起电。关于云底正电荷的形成，有两种看法：一种看法是在云中负电场作用下地面尖端释放出的正离子被上升气流带到云的底部聚集而成；另一种看法认为这个正电荷层是闪电造成的。总而言之，云的起电机制是一个有争议而尚未解决的问题。

云内闪电大多数在云底正电荷层和中下部负电荷之间进行。云地闪电有线状闪电、带状闪电、火箭状闪电、联珠状闪电和球状闪电等各种形式，最常见的是线状闪电。

当雷暴云中电荷形成时，就能在局部地方有突出物等条件下形成局部的强电场，这种电场能促使大气中的离子加速运动而与中性分子碰撞，从而产生新的离子，这种过程持续发生，便产生连锁式的雪崩反应，进而产生新的电子雪崩（衍生雪崩），主雪崩和衍生雪崩汇合起来就形成了迅速发展的电离区（温度高达 10^4K 量级）——“流光”，“流光”辟开的“闪电通道”称先导闪电，先导闪电和随后发生的主要闪电及后续闪电构成了整个闪电过程。整个闪电持续的时间约0.25秒，一次闪电向地面输送约20库仑的负电荷，电流高达数百万安培。

球状闪电

球状闪电是神奇的大气来客，自古以来就为人们普遍关注。球状闪电是否在存在，曾是物理学中争论最多的问题之一，许多人说球状闪电是一种幻觉。现在，大量的证据说明，球状闪电是客观事实。

球状闪电的外形常为球形，直径小到1cm大至数米，常见的球状闪电的光球直径的平均值约20cm左右。据报道除球状之外，还有杆状、哑铃状等其他形状的球状闪电。球状闪电的颜色各种各样，以白、黄、红和橙黄色居多，也有蓝色、紫色和变色的。球状闪电的光球存在时间约10秒、也有的超过1分钟。在空中的移动速度不大于5米/秒。有时水平飘移，有时从上向下徐徐降落，也可暂时停在空中不动。偶尔也看到缓缓上升，或者移动中伴有旋转的情况。

球状闪电可从门窗的缝隙无声无息地钻入房内，也可响声大作地破墙而入。消失时常伴有爆炸，当从烟囱钻出时，常在出口前爆炸而毁坏烟囱，偶尔也有悄无声息地消失。遇到人畜，常造成伤亡，但也不尽然。

我国的大气物理学工作者曾偶然亲身经历过一次球状闪电。1962年7月22日傍晚，泰山玉皇峰处于锋面雷暴之中。在电闪雷鸣声中，一个直径约15cm的殷红色火球，从关紧的玻璃门窗缝间钻入室内。它以2～3米/秒的速度在室内轻盈地飘移，大约3～4秒，又从烟囱蹿出。在即将离开烟囱之时爆炸消失。爆炸使烟囱削去一角，爆炸的气浪竟使室内的一个暖水瓶胆化为碎片。

球状闪电带有电荷，因而常被金属物吸引，有时追逐汽车、轮船和飞机，在追逐时能与之保持一定距离。它对人畜的击伤情况与遭受电流击伤相类似。

17 世纪中叶，里赫曼在做类似于富兰克林的风筝实验时，一个拳头般大的淡蓝色的火球离开他的实验室的避雷针，悄无声息地飘浮到里赫曼的脸上，而后发生爆炸。里赫曼倒在房间里的地上死了。在他的前额上留下了一个红斑，而他的一只鞋底上有两个洞眼。1986 年 8 月 19 日 11 时，湖南省古文县高望界岩托村，35 人在一空房中躲雨。突然，一个碗大的红色火球进入房间，漂移旋转，火花飞溅，致使 3 女 2 男丧生，9 人重伤，9 人轻伤。

球状闪电早已引起科学家们的极大兴趣，世界各地都有一些科学家致力于球状闪电的研究，以期揭示球状闪电的特性、结构、能量的储藏方式和发生的机制等。中国科学院为此成立了“球状闪电信息中心”。对球状闪电机理的探索是困难的，这不仅因为球状闪电是稀有的现象，它的出现是偶然的，而且在于它本身是一个复杂的多边现象，闪电光球的形成与大气电学、等离子体学及化学等有关。至今，闪电光球成因的理论解释各种各样，却没有一种理论是完善的理论。

有人认为球状闪电是一团涡旋状的高温等离子体；有的认为球状闪电是混合气体的化学反应；有的认为球状闪电不过是线状闪电的一部分分离而成；有人认为球状闪电是宇宙射线粒子在雷雨时的强电场中聚焦而成，等等。也有人提出，不同类型的球状闪电，成因也应不同。

迄今为止，大概最好的解释是认为闪电光球是一个由外部的电磁波供给能量的等离子体球。在强烈的闪电中有电磁波辐射已为仪器测量所证实。等离子光球对无线电波施加了约束，形成驻波，球就从驻波的波腹中吸取能量。因而等离子光球的发光应归因于等离子体的复合辐射或受激辐射。

原苏联科学家对球状闪电进行了研究，他们假设球状闪电的活性物质具有线团状的微尘凝聚体形式，凝聚体的电荷的表面张力使之具有球体的形状。这是一种独特的“多枝”状结构——分位的离子团。分位离子团所包含的固体微粒越多，球状闪电带有的电荷就越多。

他们根据 697 位目击者的证据得出，闪电光球就像一个 110 ± 50W 的灯泡在发亮。他们认为，闪电光球的发光与含有燃料氧化剂和黏结填充剂的焰火材料的发光相类似。闪电光球的发光是在活性物质参与下的化学反应中产生的。

大气中除有闪电光球之外，地震前或地震时也会有光球出现。20 世纪 70 年代我国发生了海城、唐山、松潘等大地震，震前和震时就有大量的地震光球出现，据报道，其颜色有白、蓝、红、黄、橙、紫等，而以红色和暗红色居多。对于地震光（包括地震光球）的机理，目前提出的理论有静电致光、电离气体中氧原子或氮分子等的受激辐射发光以及可燃气体的燃烧发光等，但是没有一种理论是完善的，也未被证实。看来，闪电光球和地震光球二者之间有某些相似之处。但地震光球一般不以爆炸的方式消失。

中国科学院大气物理所关于球状闪电、地光火球——大气中等离子体的理论和实验研究成果，已引起国外同行的关注。球状闪电和地震光球的机理和发光机制仍是科学家们的重要研究课题。

知识点

电子雪崩

当一个电子从放电极（阴极）向收尘极（阳极运动时，若电场强度足够大，则电子被加速，在运动的路径上碰撞气体原子会发生碰撞电离。和气体原子第一次碰撞引起电离后，就多了一个自由电子。这两个自由电子向收尘极运动时，又与气体原子碰撞使之电离，每一原子又多产生一个自由电子，于是第二次碰撞后，就变成 4 个自由电子，这 4 个电子又与气体原子碰撞使之电离，产生更多的自由电子。所以一个电子从放电极到收尘极，由于碰撞电离，电子数将雪崩似地增加，这种现象称为电子雪崩。

延伸阅读

科幻小说《球状闪电》

《球状闪电》是著名科幻作家刘慈欣写的一本以球状闪电为中心展开的长篇科幻小说，书中描述了一个见过球状闪电的男主角对其历尽艰辛的研究里程，向我们展现了一个独特、神秘而离奇的世界：在某个离奇的雨夜，一颗球状闪电闯进了少年的视野。它的啸叫低沉中透着尖利，像是一个鬼魂在太古的荒原上吹着埙。当鬼魂奏完乐曲，球状闪电在一瞬间将少年的父母化为灰烬，而他们身下板凳却是奇迹般的冰凉。这一夜，少年的命运被彻底改变了，他将毕其一生去解开那个将他变成孤儿的自然之谜。但是他未曾想到，多年以后，单纯的自然科学研究被纳入“新概念武器”开发计划，他所追寻的球状闪电变成了下一场战争中决定祖国生存或是灭亡的终极武器！当被禁锢在终极武器中的大自然的伟力被释放时，一轮冰冷的“蓝太阳”升起在大西部的戈壁滩上，整个戈壁淹没在它的蓝光中，这个世界变得陌生而怪异。一个从未有人想象过的未来，在宇宙观测者的注视下，降临在人类面前……

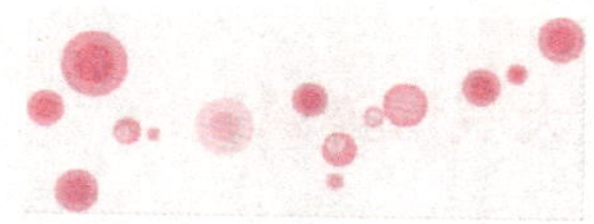

大气层的破坏与修复

人类的生存须臾离不开大气层的庇护，然而，来自人类的3个方面的污染源：一是生活污染源，包括饮食或取暖时燃料向大气排放有害气体和烟雾；二是工业污染源，包括火力发电、钢铁和有色金属冶炼，各种化学工业给大气造成的污染；三是交通污染源，包括汽车、飞机、火车、船舶等交通工具的煤烟、尾气排放。对大气造成了严重的污染，破坏了大气层的自我修复能力，其状况堪忧。

人类破坏大气层，结下了一个个“恶果”：出现温室效应，全球变暖，海平面上升，一些海边城市面临被淹没的危险；出现城市热岛效应，让生活在城里的人好像在蒸笼里一样难受；臭氧层有了破洞，人类面临各种宇宙辐射线的危胁；酸雨频降，凡是被它淋到的，无不留下累累伤痕；人类呼吸着有毒的空气，身体健康受到极大的危害；……

为了人类拥有一个可持续发展的环境，节能减排倡导低碳生活，大力发展洁净煤技术，控制机动车的污染，开发利用清洁能源，等等，是刻不容缓，势在必行了。

大气污染的形成因素

按照国际标准化组织（ISO）的定义，大气污染通常是指由于人类活动或自然过程引起某些物质进入大气中，呈现出足够的浓度，达到足够的时间，并因此危害了人体的舒适、健康和福利或环境污染的现象。

大气污染源

大气污染源按物质来源划分为自然源和人为源。自然源是由于自然原因向大气中输送物质，包括火山爆发产生的气体和灰粒；森林火灾产生的大量碳氧化合物、氮氧化物、二氧化碳及一些碳氢化合物；海洋有机体分解、地球天然资源释放、宇宙射线等产生的放射性核原素、甲烷等。

人为源是由于人类活动向大气输送物质，大致可分为工业污染源、生活污染源、交通污染源、农业污染源。不同类型的污染源，排出的大气污染物也有所不同。从目前我国的情况看，煤炭、石油和天然气为主要的动力和生活燃料，因此大部分大气污染物是燃烧煤、石油和天然气的排放物。另外，电力工业、钢铁工业、建材工业、化学工业、矿山生产也产生大量的大气污染物。由于交通运输的发展，汽车、火车、飞机、轮船形成了规模庞大的流动污染源。从目前我国的情况来看，城市中的汽车尾气已经成为重要的大气污染源。

综合来看，来自人类对大气的污染源主要有 3 个方面：一是生活污染源，包括饮食或取暖时燃料向大气排放有害气体和烟雾；二是工业污染源，包括火力发电、钢铁和有色金属冶炼，各种化学工业给大气造成的污染；三是交通污染源，包括汽车、飞机、火车、船舶等交通工具的煤烟、尾气排放。

大气污染物

进入大气中的污染物种类是相当多的，迄今还没有很完全、确切的统计。已经产生危害或者已为人们注意的有 100 种以上。1996 年我国公布的《大气污染物综合排放标准》（GB16297－1996）中，强制性控制的污染物有 33 种，对现有污染源和新建污染源所排污染物的最高允许排放浓度均有一定限度。

1. 二氧化硫

二氧化硫的主要环境来源是煤和石油的燃烧，其次是生产硫酸和金属冶炼等。二氧化硫是目前大气中最主要的污染物。它是分布面广，对植物危害最大的有毒气体之一，它对植物的危害主要是通过气孔进入植物内部，导致叶子退绿或叶脉内出现褐色斑块，并逐渐坏死，造成树枝尖端干枯及叶片过早凋落，损害植物的生长和造成减产等。二氧化硫对人体的影响主要是刺激呼吸道，附在细微颗粒上也可影响下呼吸道，大量吸入可引起肺水肿、喉水肿、声带痉挛而窒息。长期吸入低浓度二氧化硫可引起头昏、头痛、乏力等全身症状；常有鼻炎、咽喉炎、支气管炎、嗅觉和味觉减退等症状，个别人易诱发支气管哮喘。

大气污染

2. 氮氧化物

氮氧化物人为源大体可分为3类：一类是燃料燃烧。燃料在燃烧过程中，与空气中的氮和氧气作用生成一氧化氮，这是大气中氮氧化物最重要的来源。再一类是工业生产，如硝酸、氮肥、有机合成工业以及棉和丝织品漂白，光刻、电镀等工业也排出大量氮氧化物。另一类是交通运输。

氮氧化物的危害可分为两个方面，其一是由于二氧化氮是大气中光化学反应的重要起始反应物，因而同环境中形成的光化学氧化剂直接相关，并由此而产生危害；其二是二氧化氮直接对人体产生的危害。二氧化氮主要作用于深呼吸道，溶于肺泡表面的液体和含水蒸汽的肺气泡中，形成硝酸，产生剧烈的刺激和腐蚀作用，使肺毛细血管通透性增加，导致肺水肿。

3. 颗粒物

燃烧和生产过程中都可能产生颗粒物。大气中的颗粒性物质可对环境和人体健康产生广泛的危害，因而是最主要的大气污染物之一。

大气中的颗粒物质造成最普遍的危害是使大气的能见度下降。它落在被涂过物体的表面、衣物和帘幕上，会弄脏这些物品，通常每年对由颗粒物弄脏物

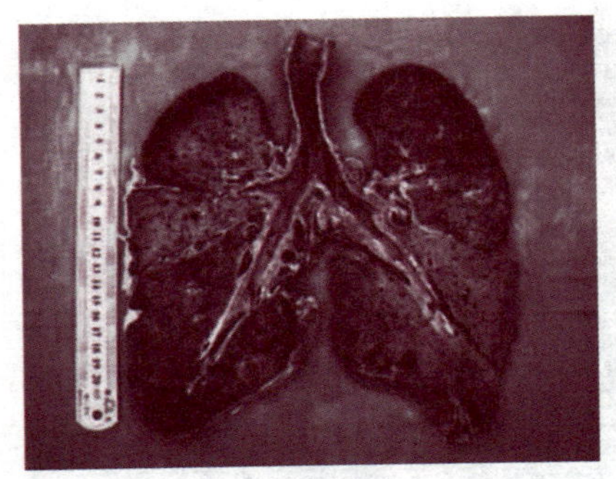
矽 肺

品的清洗就要花费数亿元。颗粒物对动物和植物的影响事例很多，含氟颗粒能引起某些植物的损害，动物摄取带含氟颗粒物的植物能导致氟中毒，牛羊吃了含砷或铅的植物可导致砷和铅中毒。

大气颗粒物对人类健康也产生多种危害，大量吸入颗粒物，可产生“尘肺”。我国曾出现较多的矽肺、硅酸盐肺、碳尘肺、金属尘肺、混合尘肺等。除此之外，吸入颗粒物还可造成“粉尘沉着症”，促使细胞增生、变异，引起纤维化病变等。某些放射性矿物尘、金属尘和石棉等，还可引起呼吸系统肿瘤。

4. 苯并芘

苯并芘是有机物和含碳燃料热解过程的产物，如煤炭、石油、木柴等在无氧加热裂解就会产生这类物质。大气中苯并芘主要来源于煤、石油、木柴的燃烧和沥青的使用，以及汽车废气排放。炉灶和卷烟的烟雾以及过热烹调的油雾是家庭室内污染的重要来源。长期接触这类物质可能诱发皮肤癌、肺癌。

这些污染物在空气中受热和经光的作用或其他化学反应会形成新的物质，即所谓的二次污染物。二次污染物往往比一次污染物危害更大。

大气污染的种类

大气污染大致可分为 3 类：煤烟尘污染、硫氧化物污染、氮氧化物污染。这些污染主要是由煤、石油、天然气等燃料的燃烧引起的。显而易见，在工厂众多、烟囱林立、人口密集的大城市，其大气污染远较农村突出。

我们常常可以看到一些工厂的上空，出现一条条“黄龙”，这些“黄龙”里隐藏着剧毒的红棕色气体二氧化氮，它的毒性约为众所周知的一氧化碳毒性的 10 倍，它能吸收空气中的水分生成硝酸酸雾，刺激人的呼吸器官，轻则引起慢性气管炎，重则经过一系列的光化学反应，产生癌症的发病因素，因此，人们称它为“污染大气的毒龙”。

据报道，燃烧一吨煤排放的有害气体中，二氧化氮占3.6～9千克。现已查明，大气中的氮氧化物2/3是来自煤炭及重油燃烧时所排放的烟气，1/3来自汽车的尾气。大城市拥有上万辆汽车，在每天排出的难以预测的废气中，含有许多有毒的氮氧化物、一氧化碳、碳氢化合物，加上工厂排出的高浓度的二氧化氮，就构成了所谓的“光化学烟雾”。

历史上曾发生过多起触目惊心的“光化学烟雾”事件，如1952年12月，在美国洛杉矶市由于燃烧石油排出的大量污染性气体，使盆地上空烟雾弥漫，在这次光化学烟雾中，65岁以上的老人和15岁以下的小孩，死亡约400人。1970年7月18日，日本东京市也发生过一次严重的光化学烟雾事件，受害的人数竟高达6 000余人。当然，最著名的要数英国伦敦市的烟雾事件了，1952年岁末，人们正沉浸在迎接圣诞节的欢乐气氛中，一场特大的浓雾降临了，由于“雾都”市民对此早已司空见惯，因此，伦敦周围的工厂照常开工，无数的烟囱如往常一样把浓烟喷向空中，浓烟中的大量二氧化碳和粉尘，在浓雾中难以散开，一场静悄悄的灾难渐渐地降临到伦敦市民的头上……没有多久，城市昏天黑地，行人视线被遮，车辆无法行驶，几天之内，老年人成批地死去，无数病人住满了各个医院。导演这一场场悲剧的不是别人，正是人类自身。

当今世界，即使不存在特殊的气候环境，无数的工厂天天排出的大量有毒气体，也不断地污染着大气。虽然已有许多工厂改用石油作为能源，这同样不能使污染有所改善。在世界各地，燃烧石油的金属冶炼厂、石油化工厂、化肥厂，向大气排放的二氧化硫所造成的环境污染并不亚于烧煤的工厂。

除了工厂，另一个主要的空气污染源则是日益增多的汽车，汽车给人类生活带来了方便，同时也给人类的环境带来了严重的污染。一辆行驶中的汽车，每天要排放出3千克一氧化碳、0.2～0.4千克碳氢化合物以及其他废气。一辆汽车排放有害气体与整个大气相比也许是微不足道的，但是，全世界数亿辆汽车的数量就非同小可了。

当然，全世界上亿万家庭使用的小炉灶，由于数量多，分布广，排出的烟气又直接充溢在每个家庭之中，它们对人类的危害也就更直接。

知识点

国际标准化组织

国际标准化组织的前身是国家标准化协会国际联合会和联合国标准协调委员会。1946 年 10 月，25 个国家标准化机构的代表在伦敦召开大会，决定成立新的国际标准化机构，定名为 ISO。大会起草了 ISO 的第一个章程和议事规则，并认可通过了该章程草案。1947 年 2 月 23 日，国际标准化组织正式成立。ISO 的任务是促进全球范围内的标准化及其有关活动，以利于国际间产品与服务的交流，以及在知识、科学、技术和经济活动中发展国际间的相互合作。它显示了强大的生命力，吸引了越来越多的国家参与其活动。

延伸阅读

写实的《日出印象》

19 世纪末至 20 世纪初，法国画家莫奈的油画《日出印象》在伦敦展出时却遭到非议。人们常见的雾都是灰白色的，而《日出印象》却把雾霭涂成了紫红色。画坛名家们纷纷指责莫奈在绘画色彩上标新立异、愚弄观众。可是，当议论纷纷的观众走出展览大厅时，一个个顿时瞠目结舌。原来，他们意外地发现，人们司空见惯的伦敦上空的雾果然如同《日出印象》那样是紫红色的，而并非是灰白色的。

为什么原来灰白色的雾却变成了紫红色呢？这恰恰是伦敦林立的烟囱所排放的大量煤烟混杂在水汽中，形成了污染严重的烟雾使阳光发生折射和散射而形成的。《日出印象》也可说是世界上第一幅凭直观印象反映大气污染的油画。

城市大气环境污染

城市大气污染是当今世界严重的环境问题之一。世界上有1/4的人口居住在空气环境质量超国际标准的地区，城市烟尘带来的呼吸道疾病和癌症每年使全球几十万人过早地离开了人世。目前全世界约有1.5亿气喘病患者，而且还以每10年20%～25%的增长速度在扩大。

从地域的角度分析，城市是我国大气污染最严重的地区。根据国家环境保护局发布的公报，1994年我国城市年烟尘排放量为1 414万吨，二氧化硫的排放量达到1 825万吨，工业粉尘排放量达到583万吨。相当一部分城市已出现了严重的大气污染问题，城市恶性肿瘤死亡人数在不断增长，其中又以受大气污染影响最大的肺癌死亡人数增长最快，1995年已达35.59人/10万人，比1993年上升4.2%，比1988年增长23.5%。山西省城乡肺癌发病率和死亡率近10年比70年代上升30%～50%！山西省肿瘤研究所的专家曾就此指出："空气中大量的灰尘、烟尘和废气的存在对人体健康造成严重危害。上述指标每上升一个百分点，肺部疾病，脑部疾病患者就会增加数个百分点或者数倍"。上海地区每年因飘尘致病死亡的人数为300～500人，和因交通事故致死人数相近。可见，城市严重的大气污染已经对人类的健康产生了严重的威胁。我们绝不能再对大气污染的杀伤力无动于衷了。

对于城市而言，由于人口密集、生产类型多样、经济活动强度大，形成了具有典型结构特征的大气污染源。从排放高度上看，有居民燃煤、商业燃煤组成的低度污染，有采暖锅炉、工业窑炉组成的中度污染，还有电厂和大型企业排放烟气的高度污染。

从运动形式上看，有固定的排放源，还有汽车、火车、轮船、飞机等流动源。呈现出点、线、网、面的结构特征。

污染物进入大气后，要随着大气的运动而运动，如果它在大气中扩散稀释了，空气就会逐渐恢复原来清洁状态；如果在近地面大气层聚积起来，那就可能造成污染。影响污染物运动的环境因素有气象、地形和地物等。

哭泣的地球在呼救

（1）风。风包括风速和风向，风速决定了对污染物扩散作用的大小，风向决定了污染区的方位总是在污染源的下风向。当风速较大时，能够把空气中的污染物输送到远方，而使城市大气污染程度减轻。

（2）湍流。大气中经常出现无规律的运动，这就是湍流。大气的湍流对污染物扩散作用较大，湍流使污染物沿三维空间迅速延展，湍流越强，扩散效应越显著。研究表明，污染事件往往发生在不利于湍流发展的天气条件下。大气湍流的能量，主要有两个来源，一是从大系统的空气运动获得；二是从平均温度分布获得。也与地表的粗糙有关，地表越粗糙，湍流越强烈。

（3）逆温。我们知道在对流层大气在垂直方向上每升高 100 米，温度就下降 274K。但在实际大气环境中，往往出现更为复杂的现象，因大气的运动，有时会出现上层温度高于下层温度的情况，这种情况就叫做逆温。发生逆温时，因为上层的空气温度高，空气轻，而下层空气温度低，空气重，这样下层含有污染物的空气就无法上升而压向地面，地面上好像压了一个烟盖，地面大气污染严重。1952 年伦敦发生的震惊世界的大气污染事件，1930 年比利时发生的马斯河谷事件，1948 年美国发生的多诺拉事件都是在出现长时间逆温条件下发生的。大气温度的垂直分布决定了大气垂直运动的程度，当然也就决定了大气污染物扩散的程度。

（4）地形。地形也是影响大气污染物扩散的重要环境因素。由于我国相当一部分城市处于地形复杂的地域，因此对地形的影响作比较详细的介绍是很必要的。研究表明，河谷地区要比平坦开阔地区发生空气污染的机会多；江海湖泊等水域附近，空气污染远比内陆平地严重：弧立山丘的背风坡，常可观测到较高的污染浓度。地形对空气污染的影响主要有两个方面：一是地形的热力效应，二是地形的动力效应。它们都因改变近地面的温度和风的分布规律，形成了不同的气象特点，最终影响到污染物的输送和扩散。

知识点

二氧化硫

二氧化硫是最常见的硫氧化物。无色气体，有强烈刺激性气味。大气主要污染物之一。火山爆发时会喷出该气体，在许多工业过程中也会产生二氧化硫。由于煤和石油通常都含有硫化合物，因此燃烧时会生成二氧化硫。当二氧化硫溶于水中，会形成亚硫酸（酸雨的主要成分）。若把 SO_2 进一步氧化，通常在催化剂如二氧化氮的存在下，便会生成硫酸。二氧化硫对食品有漂白和防腐作用，可用于生产硫以及作为杀虫剂、杀菌剂、漂白剂和还原剂。

延伸阅读

城市热岛效应

城市热岛效应是指城市空气温度比其周围乡村空气温度高的现象。造成城市空气温度高于乡村空气温度有地面作用和热释放两方面原因。城市绝大部分的地面是建筑物、沥青路面和混凝土路面，这种地表环境，吸收太阳辐射会使地面温度较高，其中有两个原因，第一是缺乏植物，使全部太阳辐射能投射到裸露的地面上，缺乏植物蒸腾作用消耗热量，从而使空气温度升高。第二是混凝土地面不像土壤地面可利用水分蒸发消耗热量，因而城市气温较高。城市的经济活动和社会活动要比乡村强度大，这些活动都与能量的消耗有关。能量的消耗使城市在周围温度较低的乡村中，好像一个“热岛”。

令人担忧的温室效应

二氧化碳与温室效应

以往相当长的一段时间内，地球大气中的二氧化碳含量基本上是一个定值，大约为290ppm。然而，随着工业的发展，煤炭、石油、天然气等燃料的燃烧，释放出大量的热量，与此同时，又产生了大量的二氧化碳，加之人口的巨量增长和对森林的不断砍伐，使地球大气中二氧化碳的含量大约增加了25%以上。

二氧化碳可以防止地表热量辐射到太空中，具有调节地球气温的功能。如果没有二氧化碳，地球的年平均气温会比今天降低20℃；但是，超量的二氧化碳却使地球仿佛捂在一座玻璃暖棚里，温度会逐渐升高，这就是所谓的"温室效应"。

电脑模拟显示，在今后50年内，地球大气中的二氧化碳将增加一倍，地球气温将升高3℃～5℃，两极地区可能升高10℃，这就是说，地球气候将会明显变暖。

其实，除了二氧化碳，其他诸如臭氧、甲烷、氟利昂、一氧化二氮等都是大气温室效应的主要贡献者，它们被统称为"温室气体"。只是由于二氧化碳是大气中含量最多的温室气体，科学家才更关注于它。

现在，已有人将甲烷视作比二氧化碳更危险的温室气体，因为它会吸收地球表面的红外线，具有很强的阻止热扩散能力，因而对温室效应起了很大的推动作用。甲烷的来源十分广泛，在开采石油、天然气和煤的过程中，它是作为一种副产品进入大气中的，另外，世界各地的牛因肠胃气胀每天要排泄相当数量的甲烷，仅此一项，每年就要产生5 000万吨甲烷，如果把世界上所有的牛、马、骆驼、羊、猪以及白蚁都加以计算，全世界每年至少要生产5亿吨甲烷。

目前，大气中的甲烷含量仍以每年1%～2%的速率在增加，这使科学家们大伤脑筋，因为它的效率可能是二氧化碳的20倍。由于大部分甲烷来自自然过程，因此减少甲烷的散发可能比控制二氧化碳更为艰难。科学家们不无忧虑地指出：如果以目前的速度发展下去，几十年内甲烷的作用将在温室效应中占 50%。

不要让金星的悲剧重演

在太阳系中，金星处于水星和地球之间，它的直径、质量、密度和表面重力这几项数值与地球十分接近，因此，人们曾把金星视作是地球的“孪生姐妹”，直到测量了金星的表面温度以后，才改变了这种看法。

由于金星比地球离太阳近，天文学家倒是预料到它的温度会比地球高。但是，20 世纪 50 年代，通过射电测量到金星的表面温度为 300℃，使天文学家感到十分惊讶，因为这比他们预料的要高出上百摄氏度。之所以导致这种错误，是因为当时尚不知道金星的大气成分，没有考虑温室效应的缘故。其实，射电天文测量的温度值还偏低，20 世纪 60 年代拉开的航天探测行星的序幕，才一识金星的“庐山真面目”。1962 年，美国“水手二号”金星探测器测量到金星的表面温度是 480℃，这比离太阳近的水星白昼温度还要高近 50℃，是太阳系中最热的一颗行星。

原来，这是金星大气温室效应的结果。金星大气成分 97% 是二氧化碳，这层厚厚的酸性云层虽然阻碍了太阳辐射的穿透，但更强烈地阻止了金星表面的热辐射散逸，形成了一个全球性的高效率“大温室”，使金星成为浓云下不见天日的热宫。此外，温室效应还使金星的昼夜温差甚小，夜间温度也降不下来多少，几乎和白天一样闷热，这一点和水星大不一样。

热得一派荒凉的金星

金星的今天会不会是地球的明天呢？科学家们似乎从金星上看到了地球的悲哀。了解金星的温室效应，对我们如何防止地球气候变暖和环境恶化，应该说不无参考价值。

温室效应造成的地球气温的升高，将会导致气候形态的重大改变，导致某些地区雨量增加，某些地区出现干旱，飓风力量增强，出现频率也将提高。更令人担忧的是，由于气温升高，将使两极地区冰川融化，海平面升高，全世界将有不少沿海城市、岛屿、平原、低洼地区面临海水上涨的威胁，甚至被海水吞没。

在正常气候下，地球上各种形态的水呈一种动态平衡。南北极以冰川的形式，储水极为丰富。南极冰层平均厚 1 700 米，最厚处达 4 000 米，储水相当于全世界各大洲湖泊河流水量的 200 倍。假如南极冰川全部融化，全世界海平面将上升 70 米。即使仅融化 1/10，也将使整个地球海平面上升约 7 米。根据预测，到 21 世纪中叶，地表温度升高 1.5℃ ~4.5℃，海平面将上升 0.25 ~1.4 米。

当然，“几家欢乐几家愁”，温室效应给各个局部地区所带来的后果也不尽相同。以下是这些地区的可能后果：加拿大：安大略富庶的农田由于降雨量的减少引起粮食歉收；

科罗拉多河：水位下降，在美国包括加利福尼亚在内的 8 个州，农业、供水、发电将遭到破坏；

美国中西部：由于干热的夏天使农田遭到损害；中美洲：温暖的墨西哥湾流可能不会受到温室效应的干扰；格陵兰岛：一些冰层融化，使海平面升高 0.15 ~0.3 米；北极圈：在西伯利亚、阿拉斯加、白令海和加拿大群岛的港口成为不冻港，提高了商运能力；中国大陆：边远地带的农田变得多雨，可提高产量；印度和孟加拉：这两个国家遭到更多的台风和洪水的袭击；非洲：热雨带向北移，干燥的乍得、苏丹和埃塞俄比亚变得湿润；南极洲：由于雪和冷雨的增加，使冰层加厚，并阻碍由于温室效应产生的海平面上升。

减少二氧化碳的排放量

无论如何，二氧化碳在今天地球的温度上升过程中，起着举足轻重的作用，因此，人们称它为温室效应的“罪魁祸首”。

20 世纪 80 年代末，在加拿大多伦多市召开的一次国际会议上，科学家们一致认为，在今后20年内，工业国家应将二氧化碳的排放量减少20%，不过以美国为首的一些国家则争辩道，这样会使他们付出昂贵的代价。

但是，英国和德国的3位经济学家所作的一项研究表明，发达国家大量减少二氧化碳的排放量并不会花很多费用，因为近年来工业国家的经济结构正在发生重要变化，工业部门都在逐步使用新设备对旧工厂进行更新换代，如果在更新设备的同时也考虑到二氧化碳的排放问题，岂非一举两得？

他们指出，新设备不仅可以更有效地利用燃料，减少二氧化碳的排放量，而且也会生产出质量更好的产品，从而提高工厂的经济效益；如果西方国家的政府能采取一些奖励措施，诸如通过增收二氧化碳税来鼓励工厂企业以更快的速度对旧设备进行更新换代，这不仅可减少二氧化碳的排放量，同时也可增加生产的竞争性，从长远看，这种措施将会使国家的经济受益。

根据统计，美国的二氧化碳排放量比英国或德国高出两倍，前苏联地区的能源使用也莫不如此。因此，这些国家减少二氧化碳排放量的余地将比西欧国家大得多；而发展中国家的情况则有所不同，由于正处于工业发展初期，这些国家的二氧化碳排放量将不可避免地会增高。事实确是如此，目前大气层中75%～80%的二氧化碳是由发达国家所排放的。由此可见，发达国家努力减少二氧化碳的排放量不仅不会耗费巨额资金，而且从发展眼光来看，还能节省资金，关键是要制定出缓释二氧化碳的长远目标。

如果人们能够坚定信念，常抓不懈，就可在20年内轻而易举地达到多伦多会议上制定的目标；如果时间稍长一些，例如在40年内，人们甚至可将二氧化碳的排放量从目前的水平减少50%～60%。

让二氧化碳物尽其用

如何让二氧化碳物尽其用，不仅成了生态学家，也成了其他领域科学家的研究目标。

众所周知，植物的光合作用能把二氧化碳转化为碳水化合物，在光合作用中起重要作用的是叶绿素，这是一种镁的卟啉络合物。现代科学研究已经发现有一种金属的卟啉络合物，其结构与镁的卟啉络合物十分相似，它可以充当人工合成碳水化合物的“叶绿素”，这项研究工作一旦取得成功，人类就能利用二氧化碳合成出“人造粮食”了。

研究如何利用二氧化碳的另一个重要课题是把二氧化碳活化，再用氢气还原二氧化碳，制造甲烷、甲醇、甲醛、甲酸、一氧化碳等化工原料。

甲醇的能量密度大约是液氢的两倍，在许多情况下可直接用于能量转换系统，比如汽车的引擎等；而且甲醇在常温下是液体，便于运输、储存，价格低廉，比其他能源更通用，更具经济性；再则，与其他汽车燃料相比，使用甲醇时的排出物少，碳氢比高，具有较高的能量转换能力。

正鉴于此，科学家在想方设法利用二氧化碳来制取甲醇。正在研究中的一种电化方法是将硫酸钾加水进行电渗析，产生氢氧化钾和硫酸，然后用这些生成物来浓缩二氧化碳，二氧化碳与水化合产生甲醇。与化学合成法相比，这种电化方法的生产设备投资成本较低，更便于扩大生产，并且碳基副产品的浓度较低。

利用植物的光合作用，将二氧化碳转化成燃料也是科学家们正在考虑的课题。他们发现，向生长着微藻类的池塘注入含二氧化碳废气，能被微藻类吸收并转化为甲烷。这种方法一旦成功，成本将会很低，只是池塘将占用很大的面积，而且藻类在冬天和晚上的活动性差，二氧化碳的排放量只有 25% ~30% 。

将二氧化碳气体变成液体，用作工业溶剂，取代使用广泛的氯化烃溶剂也是科学家们正在探索的一大项目。人们发现，液态二氧化碳是一种理想的溶剂，有些化学反应在液态二氧化碳中的反应速度要比在一般的氯化烃溶剂中快 20% 以上。问题是要将二氧化碳变成液态，需要在几个大气压下才能实现。虽然用作溶剂的二氧化碳量是微不足道的，但这却是利用二氧化碳的一条新途径。或许不久的将来，街上洗染店干洗衣物都会使用液态二氧化碳溶剂呢！

还有一种设想是将回收的二氧化碳液化后注入 3 000 米以下的深海封存。1988 年，日本科学家在冲绳海沟的一次调查中，偶然发现自然界中存在液化的二氧化碳。此后，他们进行了一系列研究，发现在水深超过 600 米时，二氧化碳变成近似制作干冰过程中的液体状；在 3 000 米以下的深海，变得比海水还重，非常容易沉入海底。此外，水温一旦低于 10℃，其表面就会出现一层果酱状的薄膜，可以防止快速扩散于海水中。这样，注入深海海底的二氧花碳要花费很长时间才会一点点溶于海水中，重返大气至少需要 1 000 年以上。这样，不仅可以大幅度控制地球变暖的速度，而且可以赢得宝贵的时间来研究彻底的解决办法。当然，这一方法还有许多问题尚待解决，其中之一是对海洋生态系统究竟有无影响。深海泥土中含有大量生物遗骸产生的碳酸钙，虽然它们与二氧化碳起化学反应后是变成无害的重碳酸离子溶解于海水中的。但是，海水的 pH 值是否会变化，这种变化对海洋生物影响如何，二氧化碳的扩散速度究竟有多快，这些都还需要进一步调查研究。

让我们以一位诺贝尔奖金获得者的话来结束这一节吧："我们应该做的是懂得如何提高目前生活水平很低的人的生活水准，与此同时，最充分地利用现有资源而又不破坏地球环境，在这点上需要科学和工业的发展。"

知识点

一氧化二氮

一氧化二氮又称笑气，无色有甜味，是一种氧化剂，化学式 N_2O，在一定条件下能支持燃烧（同氧气，因为笑气在高温下能分解成氮气和氧气），但在室温下稳定，有轻微麻醉作用，并能致人发笑。其麻醉作用于 1799 年由英国化学家汉弗莱·戴维发现。有关理论认为 N_2O 与 CO_2 分子具有相似的结构（包括电子式），则其空间构型是直线型，N_2O 为极性分子。

延伸阅读

温室效应对生男育女的影响

研究早就发现，小老鼠和小蝙蝠的性别、出生时间、与环境温度有相当密切的关联性。为了找出人类宝宝的性别与环境温度的关系，德国研究人员则是针对1946—1995年间的出生记录进行追踪，并且对照当地的温度变化。结果发现，当地的4月到6月是男宝宝出生最多的月份，10月则是男宝宝出生最少的月份。

进一步的分析显示，受精卵结合前一个月的环境温度，也就是男生与女生在性行为发生前的一个月所处环境的温度，是影响宝宝性别的重要因素。高温环境容易创造男宝宝，低温环境容易创造女宝宝。温度之所以会影响宝宝性别，研究人员的假设是：高温会影响精子的X染色体，让女宝宝不容易出生；低温会影响精子的Y染色体，让男宝宝不容易出生。

地球的保护伞有破洞

臭氧，是地球大气中的一种微量成分，它在空气中的平均浓度，按体积计算，只有百万分之三——3克/吨，而且绝大部分位于离地面约25千米的高空。在那里，臭氧的浓度可达到8～10克/吨，人们将那里的大气叫做“臭氧层”。

臭氧层具有非凡的本领，它能把太阳辐射来的高能紫外线的99%吸收掉，使地球上的生物免遭紫外线的杀伤。可以说，它是地球生命的“保护伞”。假如没有它的保护，所有强紫外辐射全部落到地面的话，那么，日光晒焦的速度将比烈日之下的夏季快50倍，几分钟之内，地球上的一切林木都会被烤焦，所有的飞禽走兽都将被杀死，生机勃勃的地球，就会变成一片荒凉的焦土。

臭氧层还能阻挡地球热量不致很快地散发到太空中去，使地球大气的温度保持恒定。这一点，它和二氧化碳非常相似，因此，臭氧也是一种“温室气体”。

臭氧层为什么能吸收高能紫外线，保护地球生命呢？原来，在高空中发生着奇妙的化学变化。高空中的氧气受宇宙射线的激发能产生原子氧；原子氧与氧分子作用便生成了臭氧分子，正是这一过程，吸收了太阳的辐射能；臭氧比空气重，当它生成后就在空气中下降；由于臭氧不稳定，容易分解为氧气，并放出原子氧，原子氧和氧气再上升到高空……就这样，臭氧和氧气不停地相互转化，既吸收了高能射线的能量，又保护住了地球的热量。

臭氧层就像套在地球上的一件无形的铠甲，忠实地保护着大地上的生命；它又像一面巨大的筛子，只让对生物有益的光和热通过它到达地面。可以说，臭氧层是天宫修筑的一座万里长城。

然而，现代工业对大气的污染正在无情地磨损着这层铠甲。1986 年 6 月下旬，美联社发布了一则引起全球关注的消息：英国南极调查组织的科学家们发现并且证实，南极上空的臭氧层正在迅速地减少，出现了一个“臭氧层空洞”。这个位于南极洲哈利湾站上空的“空洞”是从 1960 年开始破损的，20 世纪 70 年代末到 80 年代初，破损速度骤然加快，形成了一个巨大的“洞”。美国宇航局的科学家也证实了这一发现。

到 1992 年 11 月 13 日，世界气象组织又一次向全世界发出警告：臭氧层厚度创造了历史上最薄的纪录！这是综合世界各地 140 个地面站和几个卫星的资料而获得的最新结果。1992 年，南极以及北半球中高纬度地区的臭氧层均为历史最低水平，9—10 月间，南极 14 ~ 19 千米上空的臭氧层几乎全部丧失。

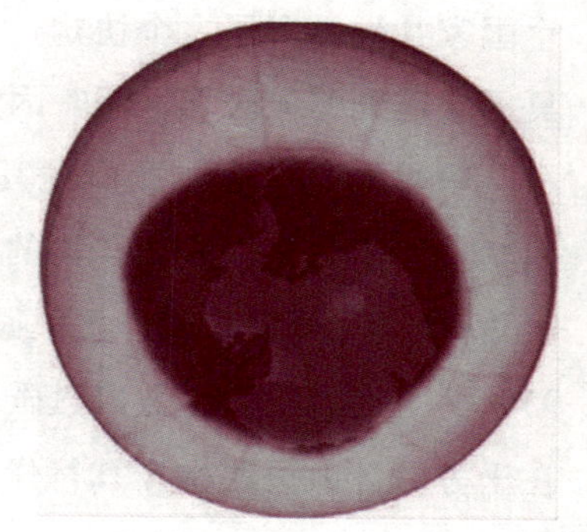

南极上空臭氧层空洞

来自宇宙空间的信息表明，臭氧层越来越稀薄的现象不仅发生在冬季，在春季和夏季也会出现，而正是这两个季节内阳光最强烈，地球上的人类和生物最需要臭氧层的保护。如果阳光中的紫外线能够长驱直入，结果是患皮肤癌的人数将大量增加，有人甚至这样说：“臭氧层被破坏 10%，皮肤癌就会增加 20%。”澳大利亚的昆士兰州素有“阳光州”的美誉，那里因皮肤癌而丧生的人数比例也居世界之首。

当然，也有科学家对上述观点提出疑义，认为这一说法或许太夸张了。他们认为，臭氧层只能吸收少量波长为 280 ~ 320 微毫米范围内的紫外线，而这部分紫外线并不是对地球上动植物危害最大的。究竟孰是孰非，看来也不是一时可以下定论的。

使臭氧层变得稀薄的“罪魁祸首”是谁呢？科学家们认为，是某些化肥和作为制冷剂的氯氟碳化合物，俗称“氟利昂”。家用电冰箱、空调机、喷雾摩丝和喷雾杀虫剂中，都含氟利昂气体。科学家发现，由于人类在生产、生活中广泛使用氯氟碳化合物，使高层大气中飘浮着这类化合物分子。在太阳紫外线的高能辐射作用下，氯氟碳化合物被分解，放出氯原子。氯原子能迅速“吞噬”臭氧分子，一个氯原子可以和10万个臭氧分子发生连锁反应；而氯原子在和臭氧分子作用后，又能迅速恢复原状，重新“攻击”另外的臭氧分子……就这样，臭氧分子被大量而迅速地吞噬掉了。

1987年9月，由联合国草拟了一个国际协定——《蒙特利尔议定书》。该议定书明确规定，氯氟碳化合物（包括名声显赫的氟利昂）生产国从1989年7月开始，要将产量冻结在1986年的水平。到1998年，要削减50%。有27个国家共同签署了这个协定。后来，联合国环境规划署起草的一份报告认为，臭氧层遭到明显破坏，95%因归于氯氟碳化合物和聚四氟乙烯气体。

1992年初，各国政府尤其是一些发达国家政府纷纷表态，计划在三五年内禁止使用含氯氟碳化合物的制冷剂以及其他危害臭氧层的物质。德国已宣布于2000年完全停止生产氯氟碳化合物，瑞典和挪威保证到1995年削减产量的95%……世界上大多数氯氟碳化合物生产国已承认《蒙特利尔议定书》，并正在千方百计地设法生产其替代品。这是和人类切身利益休戚相关的大事，有专家预言：“假如全世界继续以目前的速率使用化学品，到21世纪臭氧层将消耗16.5%。”这并非危言耸听。不过，也有生态修正论者提出了相反的意见，他们认为，真正的危机是我们的轻信。他们的反击主要集中在以下两点：第一，氟利昂并不破坏使地球免受紫外线照射的臭氧层；第二，即使臭氧层真的变薄，也不会对人类健康造成危害。

无论结论如何，我们现在所要做的当然是保护臭氧层，为此，全世界的科学家都在为之努力。

1991年8月15日，前苏联“旋风”号火箭载着一颗前苏联的“气象—3”号卫星从普列谢茨克卫星发射场发射升空。该卫星上装有美国宇航局制造的一台全球臭氧层测绘光谱仪，可测量全球的臭氧层含量及其分布，监视大气层中出现的臭氧空洞。这是自1975年以后，美国和前苏联的第一次携手合作，其重视程度由此可见一斑。

1991年9月12日，美国“发现”号航天飞机将7.7吨重的臭氧监测卫星送上了太空，这在美国航天史上还是头一遭。该卫星上装有美国、加拿大、法国、英国研制的10台高灵敏度监测仪器，其任务就是监测臭氧层中臭氧减少的情况。

除了运用航天高科技，科学家在地面也八仙过海，各显神通。日本富士通公司已经研制成一种新型的电波探测系统，它可以比常规系统更精确地测量臭氧层。这一系统采用了约瑟夫森器件和超导微电子电路，即使在恶劣的天气条件下也能测到高达80千米高空的臭氧层，而且测量所需的时间将由常规系统的1小时缩短到5分钟，这为我们精确地掌握臭氧层数量提供了有力的武器。

日本在使氟利昂无害化方面也做了大量工作，他们在氟利昂分解装置实用化上走在了世界前列。氟利昂分解装置的基本原理是：将氟利昂和水混在一起，在约10 000℃的高温中离子化，然后再生成食盐和氟的原料——萤石等无害物质，分解率为99.99%，分解能力为50千克/小时，处理费用约为500日元/千克。

美国一家公司开发出了一种用水代替氟利昂的新型空调器，它是根据蒸发原理工作的：当水蒸发时，水吸收热能，使水周围的空气冷却。这种新型空调器还有一种专用干燥剂，它能使空气干燥，当大量水分返回空气中时，不引起过分的潮湿。这种空调器适用于住宅、饭店和小型办公室，它不含压缩机，因而节省了大量能源，而且又不会泄漏氟利昂之类的有害污染物。

为拯救地球、摆脱臭氧层危机，欧洲和北美等国家也争相呼应，纷纷推出了兼备环保功能的电冰箱。由于欧洲共同市场已同意于1995年禁止生产氟利昂，因而各大主要电器制造商逐渐转向使用另一种功效类似、不会损害臭氧层的化学品。例如，一家德国制造厂把丙烷和丁烷混合，用于散热系统，它绝不损害臭氧层。今天，人们在选择臭氧层还是选择氟氯碳化合物上，毫无疑问地选择了前者，并为此作了种种努力。但是，现在科学家所开发研究的新一代产品，仍然不是理想中的完全无毒的产品，只能称为暂代产品，今后开发研究的第三代产品才是完全无毒的产品。

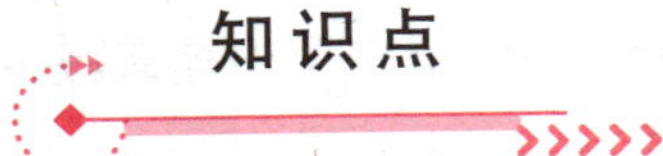

知识点

氟利昂

氟利昂是几种氟氯代甲烷和氟氯代乙烷的总称。氟利昂在常温下都是无色气体或易挥发液体，略有香味，低毒，化学性质稳定。其中最重要的是二氯二氟甲烷 CCl_2F_2。二氯二氟甲烷在常温常压下为无色气体；熔点 -158℃，沸点 -29.8℃，密度 1.486 克/厘米^3（-30℃）；稍溶于水，易溶于乙醇、乙醚；与酸、碱不反应。二氯二氟甲烷可由四氯化碳与无水氟化氢在催化剂存在下反应制得，反应产物主要是二氯二氟甲烷，还有 CCl_3F 和 $CClF_3$，可通过分馏将 CCl_2F_2 分离出来。

延伸阅读

臭氧的多种功能

①食物净化：由表及里的降解果蔬、粮食中残留的化肥、农药等有毒物质，清除肉、蛋中的抗生素、化学添加剂、激素等有害物质。②饮用水净化：自来水经臭氧处理后是一种优质的生饮水。③消毒灭菌：将清洗后的餐饮用具放入水中通入臭氧 20 分钟，可去除洗涤剂残留物，杀灭细菌、病毒。④空气净化：可有效去除室内烟尘或装饰材料的异味，降尘灭菌，增加空气含氧量，清新空气。⑤果蔬保鲜、防霉：家庭果蔬保鲜只需往袋装果蔬中通入臭氧 2 分钟，可延长保鲜期 7 天。⑥洗浴、美容、保健：经常洗臭氧浴能排除体内毒素，活化表皮细胞，消除痤疮，美白皮肤，对风湿病、皮肤病、妇科病、糖尿病及灰指甲等有良好疗效。⑦养鱼、浇花：臭氧进入水中释放出初生态氧，消

灭细菌、病毒，氧化杂质，防止水质腐坏变质，增加水中养分。⑧除臭：因臭氧有很强的氧化分解能力，可迅速而彻底地消除空气中、水中的各种异味。

“空中死神”——酸雨

酸雨，作为一个国际问题，自从1972年首先由瑞典在斯德哥尔摩召开的联合国人类环境会议上提出后，已成为一个重大的国际环境问题。世界上最早为“酸雨”命名的人是英国科学家R·史密斯。1852年，史密斯分析了英国工业城市曼彻斯特附近的雨水，发现那儿雨水中由于大气严重污染而含有硫酸、酸性硫酸盐、硫酸铵、碳酸铵等成分。他成了世界上第一个发现酸雨、研究酸雨的科学家，并由此开创了一门崭新的学科——化学气候学。史密斯对酸雨整整调查研究了20年，于1872年写了《空气和降雨：化学气候学的开端》一书。就是在这本书中，他第一次采用了“酸雨”这一术语。不过，由于当时世界上降酸雨的地方星星点点，并没有引起人们的重视。

直到史密斯发现酸雨的40年以后，一个名叫保罗·索伦森的科学家才进一步确证了酸雨的存在，并且提出了测量酸雨的方法。而酸雨问题真正得到全世界的关注，则是20世纪的事情。

20世纪以来，尤其是20世纪50年代以来，酸雨给人类带来的危害愈演愈烈，逐渐成为世人所关注的一大问题。1963年，美国康奈尔大学教授金·林肯斯率领一批科学家对新罕布尔州的哈伯河进行考察时，发现当地降下的雨是黑颜色的，黑雨中含有很高的酸度。1967年，瑞典科学家斯万特欧登在研究了各地的降雨之后，发出了这样的警告：“酸雨本质上是人类的化学战!”从此，世界各国的科学家和环境保护部门才把对酸雨的研究和治理陆续摆到议事日程上来。

平常的雨水都呈微酸性，pH值在5.6以上，这是因为大气中的二氧化碳溶解于洁净的雨水中以后，一部分形成呈微酸性的碳酸的缘故。然而燃烧煤和石油的过程会向大气大量释放二氧化硫和氮化物，当这些物质达到一定的浓度以后，会与大气中的水蒸气结合，形成硫酸和硝酸，使雨水的酸性变大，pH

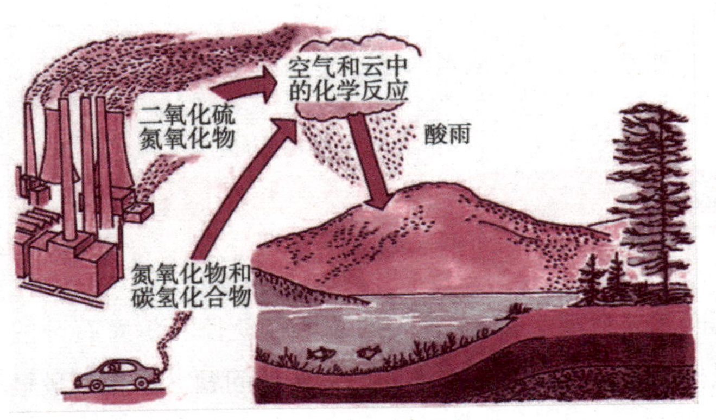

酸雨形成示意图

值变小。我们把 pH 值小于 5.6 的雨水，称之为酸雨。

今天，酸雨已成为地球上很多区域的环境问题。在欧洲，雨水的酸度每年以 10% 的速度递增；在北美，降落 pH 值只有 3～4 的强酸雨已经司空见惯；在加拿大，酸雨危害面积已达 120～150 平方千米；在日本，全国降落的酸雨 pH 值是 4.5；在印度和东南亚，一些土壤已经因频降酸雨而酸化。我国西南各省如贵州、四川，酸雨情况也很严重。

哪里有酸雨，哪里就会有灾难发生。酸雨落在水里，可使水中的鱼群丧命；酸雨落在植物上，可使嫩绿的叶子变得枯黄凋零；酸雨落到建筑物上，可把材料腐蚀得千疮百孔，污迹斑斑。希腊雅典埃雷赫修庙上亭亭玉立的少女神像，就被“折磨”得“面容憔悴”、“污头垢面”。酸雨进入人体，会使人渐渐衰弱，严重者会导致死亡。据报载，仅在 1980 年一年内，美国和加拿大就有 5 万余人成了酸雨的猎物。比利时是西欧酸雨污染最为严重的国家，它的环境酸化程度已超过正常标准的 16 倍。在意大利北部，5% 的森林死于酸雨。瑞典有 15 000 个湖泊酸化。挪威有许多大马哈鱼生活的河流已经遭酸雨污染。

酸雨是由大气中的酸性烟云形成的，这些酸性污染物，一部分来自大自然，如火山爆发、海水蒸发、动植物腐败而散逸出的含有酸性物质的气体；另一部分是由人类活动造成的，如工矿企业所喷出的浓烟，各种车辆排出的废气等。这些酸性物质到了大气之中，溶入雨水降到地面，便形成了酸雨。

来自大自然和人类活动的两部分酸性物质的污染中，哪一部分是主要的祸首呢？我们不妨作一个比较。1980 年 5 月 18 日，美国华盛顿州的圣海伦火山突然喷发，酿成了几十年以来美国最严重的自然污染，专家们估计，这次火山爆发散入大气的亚硫酸酐约有 40 万吨，这当然是一个惊人的数字。可是，有人作过科学测试，一个中型的燃煤火力发电厂，一年内也能向大气排放40万吨亚硫酸酐，全世界难以计数的大中型火电厂，该相当于多少座火山爆发呀！相比之下，后者的危害就可想而知了。

在美国洛杉矶，有时降雨中的pH值达到3，而在蒙大拿，积雪中所含的pH值则为2.6。这些数字意味着什么呢？醋是人们在饮食中常用的调料，少放一点能使菜肴增加鲜味，但稍稍过量，就会感到难以下咽了，可是，醋的pH值不过3左右；说到柠檬水，我们的牙齿就会条件反射地产生发酸的感觉，然而，这种饮料的pH值也只有2.3左右。如此一比较，洛杉矶的酸雨和蒙大拿的积雪酸度就一目了然了。创造世界“酸度之最”的酸雨，出现在美国弗吉尼亚州西部的惠林地区，1979年，这一带下了一场暴风雨，雨中的pH值竟达到1.5左右，这样的酸度几乎同汽车蓄电池中的液体相似，它们洒到哪里，哪里的绿色植物就顿时枯死。树犹如此，人何以堪？

在加拿大，酸雨已经使4 000个大大小小的湖泊变成了没有生命的死亡之湖。新斯科舍半岛地区的9条河流，本来是大西洋的鲑鱼产卵育幼的地方，如今再也见不到产卵的鱼群了。加拿大的森林资源也是著称于世的，而酸雨正在使这个国家的森林大片大片地枯死毁坏。

在欧洲，瑞士、瑞典、德国、挪威等国也是如此。瑞士一向以它如画的风景吸引着各国旅游者，可是，它那茂密葱翠的树林由于酸雨的侵害而大片枯萎，碧绿的湖水也开始变质，这个旅游休养的胜地正在失去美丽的风采。瑞士提契诺州的渔业公司在本州的湖泊里投放了一批鳟鱼鱼苗，以期秋天收获美味的鳟鱼，不曾料到，这些湖泊早已被酸雨变成了鱼的地狱，第二天，所有的鱼都白花花地浮在了水面上。德国的拜恩和巴顿地区，过去那蔽日的森林，后来也有大半被酸雨摧毁，造成了巨大的经济损失。在瑞典，一些村庄的井水也变得发酸，酸雨形成的环境污染“使有的农妇的头发像春天的桦木一样发绿”。

正如美国环境科学家所描述的：在美国纽约州坷迪龙狭克山脉的云杉、铁杉树林中，掩映着闪闪发光的布鲁克特劳特湖，周围是死一般的沉寂，连蛙声都听不到，晶莹的水面下也没有任何生物在活动，而在20年前，宁静的湖水中充满了生气，鳟鱼、鲈鱼和小狗鱼自由自在地嬉游其中，可是如今什么鱼都没有了。这是多么残忍的对比啊！

酸雨还严重侵蚀希腊雅典的女神庙、意大利罗马的斗兽场、伦敦的圣保罗大教堂、印度的泰姬陵。这些古老的建筑，在酸雨的无情洗刷之下，它们正在失去华丽典雅的风姿。一个作家专门写了一本书，历述威尼斯古城遭受的污染，书名为《威尼斯的死亡》，他在书中痛心疾首地宣称：“威尼斯正在死亡，没有挽救的希望了。”由于酸雨对建筑物的严重损害，人们干脆将它称为“石头的癌症”。

酸雨还会影响铁路运输，并使桥梁、水坝、工业设备、供水系统、地下贮罐、水力发电机以及电力和电信电缆所用的许多材料很快受到腐蚀。中国酸雨飘动的情况也日趋严重，1982 年开展的一次酸雨普查，在 2 400 多个普查监测的雨水样品中，属酸雨的占 44.5%。由于酸雨在空中飘移，是超越国界的全球问题，因此已被各国环境科学家看作 20 世纪内最难治理的棘手问题之一，被冠之以“空中死神”的恶名。酸雨也给我们敲响了警钟：人类不要过于沉缅于战胜自然的喜悦中，人类的每一次胜利，大自然都报复了人类。

酸雨对生物的危害

酸雨更可怕的危害，是直接损害人的身体健康。在酸雨的肆虐面前，受害最大的是老人和儿童。由于酸雨的诱发而患上各种呼吸道疾病的人，更是多得不计其数。

酸雨的变种——硫酸雾和早春的酸性融雪，其危害性也不容忽视。大气中的二氧化硫在多雾的季节融入雾中，形成硫酸雾以后，它的毒性要大 10 倍。当每升空气中含有 0.8 毫克的二氧化硫时，人们在呼吸时感觉并不明显；而同样浓度的硫酸雾就会使人难以忍受。高浓度的硫酸雾更容易在短时间内引发哮喘等呼吸道疾病。难怪人们惊呼：“酸雨已成为所有想象得出的、破坏性最大的污染物之一，是生活圈中的一种疟疾！”酸雨给人类带来的灾难，已经引起了世界性的抗议和愤怒，“制止酸雨”成为人们的强烈呼声。

为了降低酸雨的危害，有人想出了这样的主意：将烟囱加高，使烟雾飘得更远，不让烟尘洒落在附近地区，以此来平息周围居民的愤怒。结果如何呢？厂区附近的烟雾虽然减轻了，但是酸雨的悲剧却被送到更远的地方。由于排放出的亚硫酸酐进入更高的空中以后，飘逸范围更广，这等于进一步扩大了环境污染。

例如，意大利米兰地区排出的烟雾，可以随风越过阿尔卑斯山飘往邻国，而英国、德国的烟雾却降落到了斯堪的那维亚半岛国家。最不幸的是北欧诸国，因为那里的大气流常常把有毒烟雾带往北方，所以有人说，当今的欧洲北部地区实际上成了化学污染物的垃圾箱。在那里，受害最深的是瑞典、挪威等国。瑞典大气中亚硫酸酐的80%便是由其他国家“馈赠”的，而挪威大气中的化学污染物有90%是“舶来品”。

因此，酸雨问题成了国际纠纷的一个焦点，北欧国家与英国、德国之间已经为酸雨进行了多年的讼事，双方唇枪舌剑，争吵激烈。但是，如果不从根治酸雨之源入手，问题显然是不可能解决的。

为了防治酸雨，第一步是要对酸雨进行检测。为此，澳大利亚的科学家制成了一种酸雨自动取样器，这种取样器有一个由马达驱动的盖子，天下雨时，盖子就自动打开，雨停时则自动关闭，这样，灰尘或昆虫之类的污染物就不能进入。这种装置内装有8只瓶子，可以收集一星期的雨水样品，并可存储用于以后分析。连续的雨量记录完全计算机化，取样器和记录器都由电池供电，每隔几个月才需要更换一次电池。

知识点

pH值

氢离子浓度指数是指溶液中氢离子的总数和总物质的量的比。它的数值俗称“pH值”。表示溶液酸性或碱性程度的数值，即所含氢离子浓度的常用对数的负值。pH是1909年由丹麦生物化学家苏伦·彼得提出。p来自德语Potenz，意思是浓度、力量，H（hydrogen ion）代表氢离子（H）；有时候

pH 也被写为拉丁文形式的 Pondus hydrogenii（Pondus = 压强、压力，hydrogen = 氢）。pH 是溶液中氢离子活度的一种标度，也就是通常意义上溶液酸碱程度的衡量标准。pH 值越趋向于 0 表示溶液酸性越强，反之，越趋向于 14 表示溶液碱性越强，在常温下，pH = 7 的溶液为中性溶液。

延伸阅读

唬人的“酸性体质”说

众多商家近年来不断向消费者灌输一个概念：酸性体质是百病之源，认为体液偏酸会导致人的免疫力降低，易患感冒及其他感染性疾病。由此，一些保健食品宣扬排酸功效，部分美容院甚至推出了“海藻排酸”项目。持酸性体质论的人认为：人体体液的 pH 值处于 7.35 ~ 7.45 的弱碱状态是最健康的，但大多数人由于生活习惯及环境的影响，体液 pH 值都在 7.35 以下，他们的身体处于健康和疾病之间的亚健康状态，这些人就是酸性体质者。针对这一当下流行的“酸性体质是生病的根源”等说法，无论是西医还是中医专家，都从根本上否认了“酸碱体质”说法，称目前医学界尚无“酸碱体质”的说法。一个简单的道理是：人正常的尿液是呈酸性的。肾脏的一个重要功能就是把体内的酸性物质从尿液中排出去，如果一个人的尿液呈碱性，反倒是不健康的。如果按照酸性体质论，一个人的体液或血液 pH 值呈碱性才健康，那么皮肤、胃、阴道和尿液是不是也该呈碱性才符合逻辑？

大气污染对人体的危害

人一刻也离不开空气。在通常情况下，一个人每昼夜要呼吸两万多次，进出人体的空气总量达到 12 立方米。在人体跟周围自然界进行的各式各样的物质交换中，没有任何别的东西的数量能与空气相比。不难想象，当吸入的空气不洁净，含有有毒、有害的污染物，人的健康就会受到损害。据报道，美国每年因大气污染额外死亡 53 000 多人。

空气污染物首先接触的是人的呼吸器官组织，然后进入血液抵达心脏，因而污染物的危害作用也就主要在这些部位表现出来，造成或加重哮喘、支气管炎、心脏病等病证。前面提到的伦敦烟雾事件等一系列污染灾害事件，就充分证明了这一点。

不过，是否仅仅像灾害事件中那样的高浓度污染才有害人体，而常见的轻度空气污染于人体就完全无害呢？许多学者的研究结果表明，事实并不是这样。即使空气污染物浓度较低，对人体健康的损害仍然是存在的，只是往往不易及时查觉和警惕罢了。例如早些时候，英国对二十几个城市的煤烟浓度和肺癌死亡率做过一次统计，发现二者基本上呈正比关系。利物浦的煤烟浓度比鲁辛高出 4 倍，其肺癌死亡率约为鲁辛的 8 倍。

空气中哪些污染物会对人体产生危害呢？

1. 一氧化碳

这是一种无色无味无刺激性的气体，对人体危害甚大。因为它与血液中输送氧气的血红蛋白有很强的亲合性，比氧与血红蛋白的结合力高出 200 倍以上。因此当一氧化碳污染物进入人体肺部时，抢先与血液中的血红蛋白结合，氧就比较难于溶进血液。时间稍长，便会招致机体缺氧，程度不等地出现各种症状。根据试验观测，空气中一氧化碳含量为 1/10 000 时，人体无明显反应；含量增至 1/10 000 即有头疼、恶心、晕眩等感觉；达 1/1 000 时，就会引起痉挛、昏睡等症状；时间稍长，可致死亡。

我国北方地区冬季时有煤气中毒事件发生，实际上是一氧化碳中毒，多为夜间煤炉封火后产生大量一氧化碳所致。就整体而论，空气中的一氧化碳主要来自汽车尾气。

2. 二氧化硫

煤，尤其是高硫煤燃烧时生成大量二氧化硫，这是一种呛人嗓子、有刺激性的气体污染物。工业卫生标准规定，空气中二氧化硫的最高容许浓度为

10ppm（即十万分之一）。这时，部分敏感的人已能感到难闻的刺激性臭味。浓度到 20ppm 时，即引起咳嗽、刺激眼睛等明显症状。

到 100ppm 时，支气管和肺组织开始受到损伤。到 400ppm 时，就会出现呼吸困难等严重症状。因此，二氧化硫是一种对人体毒害较大的气体污染物。

3. 氮化物

包括一氧化氮、二氧化氮、三氧化氮；一氧化二氮、四氧化二氮、五氧化二氮及硝酸、亚硝酸等一系列成分。煤、石油等矿物燃料燃烧时，都有这类物质生成。尤其飞机、汽车运行时，排放这类污染物较多。其中对人体危害最大的是二氧化氮，它对呼吸器官有较强刺激作用，能引起急性哮喘等病症。据报道，有人在二氧化氮浓度为 5/10 000 的空气环境中只呆了短短几分钟，几天内就出现伴有支气管肺炎的肺水肿症而死亡。在太阳光照射下，氮氧化物还能发生光化学反应，生成一些新的有毒有害物质，如甲醛、丙烯醛等。

4. 甲醛

危害作用与二氧化硫相仿，对人眼有更强的刺激性。洛杉矶烟雾对人眼的刺激作用，主要即为这种物质引起。甲醛基本上是汽车尾气经光化学反应而生成的。

5. 粉尘

空气中的粉尘污染物有多种不同的来源，粉尘的粒径大小也不一样。5 微米以上的大颗粒粉尘，由于惯性冲撞、重力沉降等作用，人吸入时容易阻滞在上呼吸道内壁的黏液层中，可溶性物质即被黏液溶解掉，不能溶解的随痰排出体外，因此对人体危害较小。粒径小于 5 微米的粉尘，能随着吸入的空气一直到达肺部组织。如果是能溶于血液的有毒物质，便会随血液循环到达人体的各部位，引起全身性中毒；不溶解的有毒物质会在肺内沉积、或侵入肺的内部组织和淋巴结，发生各种不适反应，造成尘肺等病症。

特别值得注意的是，一些专业工厂的工人，往往长时间生活在某一粉尘浓度较高的环境中，常遭致相应的肺部病患，即所谓职业病。如煤矿工人染患煤肺病；玻璃工、石匠患矽肺病；石棉矿工易得石肺病等。为防止和减少各类职业病，应从根治空气污染入手，并大力抓好除尘通风及营养保健等工作。

6. 烟尘

煤、柴油燃烧不完全时生成大量黑烟，除含有一氧化碳、氮氧化物等污染物外，还有能引起癌病变的污染物苯并芘和许多碳氢化物微粒，这已为医学家们的动物实验所证实。因此，有必要改善燃料的燃烧程度，以减轻烟尘污染的危害。

7. 铅微粒

主要来自汽车尾气，因为汽油中通常加入一定数量的四乙基铅作抗爆剂，以使内燃机工作比较平稳。据有关资料报道，全世界的汽车每年要排放 70 万吨铅污染物，仅美国一个国家就排放 30 万吨铅污染物。铅微粒进入人体会妨害红细胞的发育和成熟。特别是发育中的青少年，铅污染会影响大脑功能。吸入过量的铅微粒时，还能引起心血管及泌尿系统的慢性以至急性的中毒病症。

对人体有害的空气污染物还有多种，不可能一一述及。总之，除了二氧化碳、氮气、水汽、氧气、氢气等有限的数种属于无毒害成分外，绝大多数都是对人体有毒有害的。为了减轻其危害，应从各个环节减少污染物的排放。

附带要指出的是，对人体健康有害的空气污染物，往往同样会影响畜禽等动物的正常生长。

知识点

职业病

在生产劳动中，接触生产中使用或产生的有毒化学物质，粉尘气雾，异常的气象条件，高低气压，噪声，振动，微波，X 射线，γ 射线，细菌，霉菌；长期强迫体位操作，局部组织器官持续受压等，均可引起职业病，一般将这类职业病称为广义的职业病。如现代白领阶层长时间伏案工作而引发的颈椎病，肩周炎，痔疮等慢性病。对其中某些危害性较大，诊断标准明确，结合国情，由政府有关部门审定公布的职业病，称为狭义的职业病，或称法定（规定）职业病。

延伸阅读

小儿呼吸道疾病

小儿呼吸道疾病包括上、下呼吸道急、慢性炎症，呼吸道变态反应性疾病，胸膜疾病，呼吸道异物，先天畸形及肺部肿瘤等。其中急性呼吸道感染最为常见，约占儿科门诊的60%以上，北方地区则比率更高。由于婴幼儿免疫功能尚不完全成熟，在住院患儿中，肺炎为最多见，因此卫生部把它列为小儿四病（肺炎、腹泻、佝偻病、贫血）防治方案中的首位。

小儿呼吸系统的解剖生理特点与小儿时期易患呼吸道疾病密切相关。呼吸系统以环状软骨下缘为界，分为上、下呼吸道。上呼吸道包括鼻、鼻窦、咽、咽鼓管、会厌及喉；下呼吸道包括气管、支气管、毛细支气管、呼吸性细支气管、肺泡管及肺泡。

大气污染对植物的不良影响

与几十年前相比，各城市的绿化植物种类发生了很大的变化，有一些以前在城市里生存得很好的植物现在无法生存了。园林绿化部门在选择绿化植物时，常把抵抗大气污染能力作为重要的标准。在城市附近和一些冶炼业等大气污染严重的企业周围，植物种类也在发生着变化。研究表明，所有重要的农作物都会由于大气污染而大大减产，所有的植物都会因空气污染而影响其生长。

1. 二氧化硫

大气中的二氧化硫通过叶片的气孔，很容易被植物吸收。二氧化硫进入植物体后，首先从气孔周围细胞逐渐扩大到海绵组织及栅栏组织，破坏细胞的叶绿体，使叶脉之间及叶的边缘变白，叶片枯焦，早期脱落，叶片失绿，变浅褐色或白色。同时也可使同化作用旺盛的叶脉间发生烟斑，即斑点状黄白化甚至坏死。对于同一植物来说，受害程度：叶片>叶柄>茎部>根系。

当心蔬菜被污染

各种植物对二氧化硫的抵御能力差异很大。具体抗性：苹果芽>花>玉米花>柑橘>白杨>葡萄>向日葵>大麦。

2. 氟化物

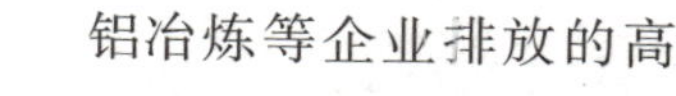

铝冶炼等企业排放的高浓度氟化物气体往往熏坏附近的农田。作物在成熟期被害后，水稻谷粒空秕，谷壳出现棕黄色斑点，小麦麦粒萎秕。竹子受害则叶片变黄、凋落，竹子韧性下降，变脆易断。

氟化物对植物的危害作用很强。氟化氢通过气孔进入叶片，很快就能溶解在叶肉组织溶液内。它能通过一系列生化反应转化成有机氟化合物，如氟醋酸盐和柠檬酸盐。如果空气中氟化氢的浓度达到 3 微克/平方分米，叶肉组织将发生酸性伤害，细胞内含物穿过受害的细胞间隙，叶脉间组织首先发生水渍斑，以后逐渐干枯变为棕色或黄棕色，在健康组织和坏死组织之间有一条明显的过渡带。植物体内的氟化物容易随蒸腾移到叶尖和叶缘，因此，植物慢性中毒的症状首先在叶尖和叶缘出现，以后才向内发展。

3. 二氧化氮

当二氧化氮从植物叶的气孔进入细胞间空隙时，很容易被吸收。气体浓度愈高，吸收愈快。在高浓度的二氧化氮影响下，植物会产生急性危害。最初是在叶的表面叶脉之间出现不规则的水渍状伤害。然后很快使细胞破裂，逐渐扩展到整个叶片，产生小的不规则的坏死斑点，坏死部分的颜色变为白色至黄褐色或褐色，与二氧化硫造成的危害症状很相似。高浓度的二氧化氮还会对果树产生不良影响，它使柑橘落叶和落果过多，而无明显的退绿或坏死伤痕。

植物长期在低浓度二氧化氮的影响下，不产生急性危害，然而生长却受到明显抑制。各种植物对二氧化氮的敏感程度差异很大。一定浓度的二氧化氮对某种植物的危害程度，与环境条件密切相关。光照强度是影响二氧化氮污染植物的重要因子。在光照弱或黑暗条件下，叶子对二氧化氮的敏感性增加。当大气中存在同样浓度的二氧化氮时，晴朗天气对植物所造成的危害程度仅为阴天所造成危害的一半。这是因为在强光条件下，叶子吸收二氧化氮后所产生的亚硝酸盐被还原为氨而被植物所利用。但是在光照弱的条件下，亚硝酸盐不能被还原为氨而积累在叶子中，达到有害的程度时，就会产生危害。因此在不同光照条件下，植物对一定浓度的二氧化氮的反应不同。敏感的种类如蚕豆、西红柿和瓜类。另一些植物如石楠对二氧化氮抗性很强。

在野外，二氧化氮对植物造成的伤害，与二氧化硫、氯和氯化氢对植物的危害症状极为相似。

4. 氯气

氯气污染仅发生在局部地区，其分布范围远不如二氧化硫和氟化氢等，在偶然排放的氯气达到很高浓度时，才对各种植物造成急性危害。氯气对各种植物危害的急性症状，最典型的是在叶脉之间产生不规则的白色或浅褐色的坏死斑点，氯气的危害也表现在影响植物的产量上，生长在离冶炼厂 300 米内的苹果树，因受氯气的危害而不结果实，而距厂 2 000 米同年栽的苹果树可结苹果数十斤。

知识点

石 楠

石楠，木本植物，常绿乔木类，喜温暖湿润的气候，抗寒力不强，喜光也耐荫，对土壤要求不严，以肥沃湿润的砂质土壤最为适宜，萌芽力强，耐修剪，对烟尘和有毒气体有一定的抗性。主产长江流域及秦岭以南地区，华北地区有少量栽培，多呈灌木状，山东徂徕山国家森林公园中有高达 5 ~ 6 米者，生长良好。

大气污染对建筑的破坏

在希腊的帕特农神庙周围，昔日轮廓分明，晶莹妩媚的大理石柱，表面已发现厚达1厘米被侵蚀的石膏层，失去了原有的光泽。亭亭玉立在埃雷赫庙正面的大理石雕刻的6位少女神像，也已被污浊的空气污染得垢面污头，失去了昔日的风采。考古学家说，近40年，空气污染造成的古城堡大理石建筑的腐蚀破坏，比过去几个世纪造成的腐蚀还严重。

世界上相当一部分古迹都遭到了同样的命运。比如古罗马的斗兽场、古希腊和威尼斯的大理石文物、法国的巴黎纪念碑和埃菲尔铁塔、意大利的比萨斜塔、美国纽约的自由女神像等，近几十年，腐蚀败坏的速度都明显加快，个别的已经到了不得不进行紧急修复、抢救的程度。空气中二氧化硫等酸性气体，对金属的锈蚀是十分严重的。

大力发展洁净煤技术

煤、石油、天然气等化石能源是造成大气污染的“元凶”，但人类为了生存和发展的需要，暂时还不可能放弃。尽管能源过渡已提到议事日程，但是技术准备还将经历一段时间。特别是各国情况不同，所需时间差距更大。例如中国目前能源供应70%以上依靠煤炭，要想取代煤炭，必须有一个相当长的过程。为了节约化石能源，减少这些能源对环境的污染，世界各国都在研究提高能源利用率的技术，实行开源节流的政策。从开源方面讲，主要是采用代用能源，开发新能源利用。在节流方面，不外是发展各种节能技术，充分利用余热、余能。因此，这涉及非常广泛的技术门类，各国或各地区的技术基础条件不同，对节能的要求也不一样。针对我国的情况，重点将包括以下一些方面。

洁净煤也叫清洁煤，是指从煤炭开发利用的全过程中，旨在减少污染排放与提高利用效率的加工、燃烧、转化及污染控制等新技术。主要包括煤炭洗选、加工（型煤、水煤浆）、转化（煤炭气化、液化）、先进发电技术（常压循环流化床、加压流化床、整体煤气化联合循环）、烟气净化（除尘、脱硫、脱氮）等方面的内容。人们也许会觉得奇怪，煤炭又黑又脏，燃烧起来，上冒烟，下吐渣，装运起来灰尘滚滚，怎谈得上"洁净"两字？问题也正在于此，所以，它是煤炭开发利用中非常突出的新技术。

脱硫后烟气排放达到标准要求

为了减少煤炭燃烧时对环境的污染，早在20世纪80年代中期，美国和加拿大等国就开始了洁净煤技术的研究，当时主要是针对大型火电厂造成的酸雨危害而进行的。因为电厂燃煤，排放的烟气中二氧化硫的含量过高，遇到高空的水蒸气，就变成含稀硫酸的雨，降落下来称为酸雨，它毁坏森林和农作物，甚至连人们晾晒的衣物也会遭到损坏。后来各国在燃煤过程中添加石灰等碱性添加剂，使酸性得到中和，但这会降低燃煤的热效率。因此，洁净煤的技术范围又扩大到煤的加工转化领域，它包括燃煤前的净化（脱除硫和其他杂质），煤的燃烧过程净化（使用各种添加剂），燃烧后对烟气的净化，以及使煤炭转化为可燃气体或液体的过程等。现代煤的净化技术，除了减轻环境污染外，还要提高煤的利用率，减轻煤的运输压力，降低能源成本。它是一举多得，需要综合考虑的问题。

目前，煤炭占世界一次能源消费总量的1/3，在火力发电中占世界发电总量的44%。其他工业生产中煤的消耗也很大。在许多发展中国家，煤也是人们生活的主要燃料。尽管现在洁净煤技术的推广还存在着不少问题，特别是经济性问题，但它的应用前景十分广阔，科技攻关势头正在兴起。近年来，我国对洁净煤技术非常重视，科研投入逐年加大，部分成果得到国家政策性的支持，形势见好。

在洁净煤技术中，较适合我国国情的是清洁型煤技术。中国现有40多万台工业锅炉，20多万台工业窑炉和1亿多个小型炊事炉。如此多的炉窑，若要全部实行烟气净化，几乎是不可能的。但采用统一生产的“清洁型煤”去控制污染，不烧散煤，则是经济有效和可行的。说起型煤，自然会联想到早期的煤球和蜂窝煤，那是最早的粉煤变块，提高了煤的燃烧效率，在民用煤方面是一大进步。

20世纪60年代国外发展起来的上点火蜂窝煤和把烟煤加工成无烟型煤，又是一大进步。现在的清洁型煤技术则是要求高效、低污染，采用清洁添加剂、防水剂、活化剂等，使型煤的性能更理想。由于型煤的燃烧效率高，可以避免在低效燃烧时容易产生的黑烟、颗粒物和苯并芘等有害污染物。特别是型煤在工业炉窑上的应用，使燃煤洁净化更具有现实意义。

洁净煤技术包括以下一些要点：

1. 选煤

选煤是发展洁净煤技术的源头技术。1997年中国有选煤厂1 571座，选煤能力483.15兆吨，入选量338.19兆吨，入选率25.73%。煤炭洗选的重点已由炼焦煤转为动力煤。目前，中国已成功研究出可分选粒径小于0.5毫米粉煤的重介质旋流器、水介质旋流器、离心摇床和多层平面摇床，适用于高硫难选煤中黄铁硫矿的脱除。选择性絮凝法、高梯度磁选法脱黄铁硫矿的研究也取得了一定的成果。煤炭科学研究总院唐山分院开发的复合式干法分选机，其性能优于风力跳汰和风力摇床。中国矿业大学开发的空气重介质流化床干法选煤技术已实现工业化，在黑龙江省建成了世界上第一座空气重介质流化床干法选煤厂，这是选煤技术的一次重大突破。已研制成功的50吨/时空气重介质流化床干法选煤机，其技术水平处于国际领先地位。

2. 型煤

型煤被称为“固体清洁燃料”。煤经过破碎后，加入固硫剂和黏合剂，压制成有一定强度和形状的块状型煤，燃用型煤可减少烟尘、SO_2和其他污染物的排放。目前，中国民用型煤技术已达国际水平，实现了商业化，年生产能力约50兆吨，无烟煤下点火蜂窝煤得到全国推广，烟煤、褐煤上点火蜂窝煤消烟技术也取得突破。最近几年，中国工业型煤研究取得很大进展。北京煤化所研究开发了优质化肥造气用型煤、煤气化用煤泥防水型煤、发生炉及工业窑炉型煤等多项型煤技术。中国矿业大学北京研究生部完成的第三代洁净型煤技术，采用独特的“破黏、增黏”工艺，突破了型煤高效无烟燃烧、高效固硫、低烟尘、致癌物分解等关键技术，通过改变调整型煤的多项煤质指标，实现了型煤的多样化、专业化和系列化，建立了测定评价型煤工艺参数的成套方法，并研制出高性能/价格比的型煤系列专用设备、超短型煤工艺流程，以及由工业废弃物制成的廉价添加剂。

3. 水煤浆

水煤浆又称煤水燃料。它是把低灰分的洗精煤研磨成微细煤粉，按煤与水比例7:3左右匹配，并适当加入化学添加剂，使成为均匀的煤水混合物。

这种新型燃料，既具有煤的物理和化学特性，又有像石油般的良好流动性和稳定性。它便于贮运，可以雾化燃烧，且燃烧效率比普通固体煤为高，污染也少。

水煤浆在一定范围内可以替代石油，如用于烧锅炉，当然还不能用于开汽车，但总可以扩大煤的用途。目前，日本、瑞典、美国和俄罗斯都在开发此项技术，我国也建立了水煤浆生产和应用基地，以取代一部分燃料油。实践表明，1.8~2.1吨水煤浆可以替代1吨燃料油，这在经济上是可行的。

由于水煤浆燃烧较充分，热效率可达95%。使用水煤浆的环境效益也较好，排烟和排灰量都显著减少。我国煤多油少，发展水煤浆前景较好，国家对此十分关注。

根据我国能源组成特点和能源地理分布的不均衡性，我国水煤浆技术开发旨在解决工业锅炉、窑炉及电站的节油、代油、节能，并降低燃烧污染物的排放。同时，水煤浆管道输送技术减轻了煤炭调运给铁路运输和大气洁净度带来的沉重负担。

目前，我国已掌握了一套完整的水煤浆生产使用技术，迄今已建成总能力为100万吨/年的6个制浆厂，2个添加剂厂，3个覆盖制浆、贮存、管道输送、锅炉和窑炉燃烧全过程的水煤浆实验研究中心，还建立了中国水煤浆成浆性数据库和多个商业性示范工程，已具备工业化应用的条件。山西盂县至山东潍坊年运量5兆吨水煤浆输送管道已开始建设。山东鲁南化学工业集团公司在引进国外软件包的基础上，开发成功了世界上第五套水煤浆加压气化及气体净化制合成氨生产装置，国产化率达90%。

以上，解决了用普通褐煤、烟煤造气的世界性难题。之后，中国引进的大型水煤浆气化生产煤气、甲醇和合成氨装置，先后在上海焦化总厂、陕西渭河化肥厂建成投产。这标志着中国水煤浆气化技术已跨入先进国家行列。

4. 流化床燃烧

流化床燃烧是一种新型燃烧方式。在燃烧过程中，加入以石灰石为主的脱硫剂，可以有效地控制SO_2的排放。相对较低的燃烧温度也大大降低了氮氧化物的生成。工业上分为常压循环流化床（CFBC）和增压流化床（PFBC）。

目前，国内已建成常压循环流化床装置18台，单台容量最大为410吨/时。在设计基础研究方面也取得了一些进展。1998年，清华大学完成了循环床专用设计软件，另外还完成了镇海石化220吨/时燃用石油焦循环床的仿真机开发。与四川锅炉合作进行125兆瓦再热炉型的工程设计研究。1999年将着重于220吨/时、410吨/时国产循环流化床锅炉的开发工作。中国增压流化床技术开发进入示范工程阶段。由东南大学和徐州贾旺电厂共同承担的“九五”攻关项目“增加流化床联合循环工程中试试验”已完成全系统调试。

5. 整体煤气化联合循环（IGCC）

煤气化联合循环发电是目前世界发达国家大力开发的一项高效、低污染清洁煤发电技术，发电效率可达45%以上，极有可能成为21世纪主要的洁净煤发电方式之一。中国IGCC关键技术研究已启动，工程示范项目处于立项阶段。该项目的研究内容包括IGCC工艺、煤气化、煤气净化、燃气轮机和余热系统方面的关键技术研究。其成果将为中国建设IGCC示范电站打下技术基础。

6. 煤炭气化及液化

（1）煤炭气化技术。煤炭气化是一种热化学过程，通常是在空气、蒸汽或氧等作气化介质的情况下，在煤气发生炉中将煤加热到足够的温度，使煤变化成一氧化碳、氢和甲烷等可燃气体。即把固体的煤变成气体，所以叫气化。因为煤炭直接燃烧的热利用效率仅为15%～18%，而变成可燃烧的煤气后，热利用效率可达55%～60%，而且污染大为减轻。煤气发生炉中的气体成分可以调整。如需要用做化工原料，还可以把氢的含量提高，得到所需的原料气，所以也叫合成气。

研究煤的气化已有200多年的历史，方法很多，如丰塔纳的水煤气法、西门子的煤气发生炉和温克勒的流化床气化炉等。在现代煤的气化技术中，有鲁奇炉、K—T炉、德士古炉、温克勒炉和西屋炉等，这些都是国外工业化煤的气化设备。

我国煤炭气化技术研究也有几十年的历史，后来又引进了国外一些先进的气化设备，目前正在实现煤气化设备国产化。同时，我国也研制了几套工业试验装置，如固定床干态排灰加压气化的中间试验装置，中国科学院山西煤化所的两段炉煤气化工业装置等。浙江大学热能工程研究所开发的循环灰载热流化床气化与燃烧技术，它是在循环流化床锅炉旁设置一干馏气化炉，利用该锅炉的高温灰使气化炉气化吸热，燃料首先送气化炉裂解和蒸汽气化，产生中热值煤气，经净化后供作民用燃料。气化后的半焦灰送循环流化床锅炉燃烧产汽、发电，实现燃气、蒸汽联产，热、电、气三联供。

这样综合利用，燃料利用率高于90%，而且对环境污染小，特别适合中小城镇进行煤炭的综合利用，它对煤种的适应性也较强，可采用褐煤、烟煤，甚至加入各种可燃的生物质燃料，如农林废弃物等，以节约煤炭。

（2）煤炭液化技术。煤炭液化是将固体煤转化为液体燃料，俗称“人造石油”。因为煤和石油都是碳氢化合物，它们的区别只是煤中的氢元素比石油少。如果人为地将煤中的含氢量提高，通过一定的化合过程，使碳氢比接近石油，煤就液化成了石油。

当然，说起来很简单，其实真要把氢加到煤中去，使煤液化却非轻而易举的事。多少年来，化学家们为了实现这一理想，不知费了多少精力。煤的液化确实比煤的气化更难。但是谁都知道，液体燃料比固体和气体燃料使用方便，它可以广泛应用于交通工具上，例如汽车、飞机等都是离不开液体燃料的。从资源上来说，煤的储量远远超过石油的储量，因此煤的液化非常吸引人。通常煤的液化分间接液化和直接液化两大类。间接液化是在煤的气化基础上，将合成气中的一氧化碳和氢气进一步合成为液体燃料。这在进行煤炭综合利用中，可生产出人造石油和其他化工产品。前面提到的两段炉煤气化技术，原是为人造石油做准备的。但是目前石油尚能供应，且油价较低，如此费力地用煤来生产石油，从经济上考虑是不合适的，只可作为技术储备。

煤炭的直接液化，方案有不少，其中如高压催化加氢液化法，其工艺过程是将煤粉和煤焦油混合在一起，形成稠糊状，加进专门的催化剂，在高温高压容器中，隔绝空气，通进氢气，最终就能获得液体燃料。目前，德国、日本等国已在这方面做了较深的研究，尚未实现工业化生产，但已被公认为是当代煤的液化的高技术。

尽管由于国际石油价格偏低，对煤的液化有一定影响，但一些发达国家，特别像日本、德国等缺乏石油资源的国家，时刻感到石油的潜在危机，南非是盛产煤炭的国家，也把煤的液化摆在重要地位。世界上早期建设的煤液化工厂都相继停产转产，唯独南非的三座煤液化工厂仍保持年处理煤 3 300 吨的能力。日、德已把煤直接液化的压力由 70 兆帕降到 10 兆帕，反应时间由 1 小时多降到几分钟，并且试验了几十种煤用于直接液化，其中还设计出日产合成油 7 000 吨的工厂。预计当石油价格每吨达到 175 ~210 美元，从煤生产的液化油就有竞争力了。

我国是产煤大国，开发和掌握先进的煤液化技术，发展前景是十分美好的。1997 年 4 月，中国和日本已商谈在我国黑龙江合资开发年产 100 万吨的煤炭液化石油项目，将使我国的煤炭液化变为现实。

目前全国每年气化用煤量约 60 兆吨。中国中小型气化以块煤固定床气化技术为主。普遍存在技术水平落后、效率低、污染严重等问题；大型煤气化以技术引进为主，有 3 组德士古水煤浆气化装置投入生产化工合成气；常压粉煤流化床气化在上海三联供项目中投入运行；加压固定床技术用于化肥和城市煤气生产。1995 年中国矿业大学开发的“长通道、大断面、两阶段地下气化”技术在唐山刘庄煤矿进入工业性试验，1997 年 9 月通过了技术鉴定。“短壁气化回采”技术结合气化技术和井下采煤技术，采取井下操作，分条带实现气化，具有井下操作、投资低的特点。该技术于 1997 年 8 月至 1998 年 1 月在依兰煤矿进行了 40 平方米工作面空气煤气造气试验；1998 年 6 月至 8 月在义马煤矿进行了试验造气，后在鹤壁煤矿气化工作面投产，日气化煤 40 吨。

煤炭直接液化技术是指煤直接通过高温高压加氢获得液化燃料或其他液体产品的技术。20 世纪 80 年代以来，北京煤化所开展国际合作，已建成具有世界先进水平的煤炭液化油品提质加工和分析检验实验室，建有 3 套规模为 0.1～0.12 吨/天的煤炭直接液化连续试验装置，掌握了直接液化、煤液化油提质加工为汽油、柴油的工艺，达到了发达国家同期的研究水平。直接液化由于经济上的原因，尚需进一步等待时机，其示范装置不久将建成。

煤炭间接液化技术是指煤先经过气化制成 CO 和 H_2，然后进一步合成，得到烃类或含氧液化燃料和化工原料的技术。中国科学院山西煤化所将传统的 F－T 合成法与选择型分子筛相结合，开发成功煤基合成汽油新工艺（MFT），相继完成了工业单管模式和中间试验，已建成年产 2 000 吨汽油、副产 7.5 兆立方米城市煤气的工业示范性装置。为中国多煤少油地区的煤炭能源转化开辟了一条切实可行的有效途径。

7. 污染控制

目前，中国自行研制开发了旋转喷雾干燥脱硫技术、磷铵肥法脱硫等新工艺，掌握了喷雾干燥脱硫技术。清华大学还试验成功了烟气脱硫剂悬浮循环技术。对中小型工业锅炉投资少、脱硫效果好同时兼具除尘效果的旋流塔板吸收法烟道气净化技术，也在研究开发之中。

目前中国燃煤电厂已建或在建的脱硫设施有 15 项，正在进行或已经通过可行性研究报告审查的脱硫项目有 9 家。

8. 煤系废弃物综合利用

中国煤炭资源的大量开采和低效率的利用，产生了大量煤泥、煤矸石、炉渣、粉煤灰等废弃物。这些废弃物利用技术已日趋成熟（如煤泥制水煤浆、煤泥和煤矸石燃烧、混烧技术、炉渣作水泥原料、粉煤灰制作各种建材的成型技术），有待于推广和应用。经过政府的倡导和支持以及广大科技工作者的共同努力，中国洁净煤技术取得了较大进展，基本覆盖了煤炭开发利用的全过程。但与发达国家相比，尚有较大差距。大力发展洁净煤技术，是中国煤炭工业的未来和希望，对其他相关工业也将产生重大影响。

知识点

型　煤

型煤是以粉煤为主要原料，按具体用途所要求的配比，机械强度和形状大小经机械加工压制成型的，具有一定强度和尺寸及形状各异的煤成品。常见的有煤球、煤砖、煤棒、蜂窝煤等。型煤分工业用和民用两大类。工业型煤有化工用型煤，用于化肥造气、蒸汽机车用型煤、冶金用型煤（又称为型焦）。民用型煤，又称为生活用煤，用于炊事和取暖，以蜂窝煤为主。型煤生产工艺有无黏结剂成型、有黏结剂成型、热压成型 3 种。成型机械有冲压式成型机、对辊成型机、螺旋挤压机和蜂窝煤机等多种。

煤炭是怎样形成的

煤炭是古代植物埋藏在地下经历了复杂的生物化学和物理化学变化逐渐形成的固体可燃性矿物。一种固体可燃有机岩，主要由植物遗体经生物化学作用，埋藏后再经地质作用转变而成。俗称煤炭。煤炭被人们誉为黑色的金子，工业的食粮，它是18世纪以来人类世界使用的主要能源之一。

在整个地质年代中，全球范围内有3个大的成煤期：(1) 古生代的石炭纪和二叠纪，成煤植物主要是孢子植物。主要煤种为烟煤和无烟煤。(2) 中生代的侏罗纪和白垩纪，成煤植物主要是裸子植物。主要煤种为褐煤和烟煤。(3) 新生代的第三纪，成煤植物主要是被子植物。主要煤种为褐煤，其次为泥炭，也有部分年轻烟煤。

节能减排是防治大气污染的关键

与中国经济的规模相比，中国属能源高消费的国家。中国的能源工业面临两方面的挑战，既要满足经济发展对能源的需求，又要同时考虑大气环境保护的因素。《中国21世纪议程》把提高能源效率和节能，作为可持续发展战略的关键措施。中国正在实行从传统的计划经济向市场经济的转变、从粗放型经济向集约型经济转变，必将大大推进能源效率的提高和节能。

为实施“坚持资源开发与节约并重，把节约放在首位”的能源发展战略，中国政府不仅注意充分发挥市场对资源配置的基础性作用，还利用政府的宏观调控职能，研究制定了相应的法规、政策和规划。1996年5月国家科委、国家经贸委和国家科委联合制定了《中国节能技术政策大纲》，提出各行业节能技术方向和目标。随后又联合推荐106项重点推广节能科技成果。1996年9月，国家经贸委支持的“中国绿色照明工程”全面启动，在全国范围内组织实施。1997年11月，《节约能源法》颁布实施。在制定节约能源的决策和规划时，中国政府把技术进步和环境保护放在重要位置。

目前，节能领域的国际交流与合作空前活跃。中国在高效电光源、洁净煤技术等方面，进行了广泛的人员、信息交流和技术、经济合作；引进了电力需求侧管理、综合资源规划等适合市场的经济的规划和管理立法；利用世界银行等国际组织和外国政府提供的优惠贷款和赠款，建设了一批节能、新能源开发和教育培训等项目，提高能源效率和节能将在大气污染防治中起越来越重要的作用。

通常用能源消耗强度衡量一个国家经济的能源效率。能源消耗强度可以定义为单位国内生产总值所消耗的初级能源。自1980年以来，中国政府在全国范围内广泛开展了卓有成效的节能活动，实施有助于结构和技术变化的各项政策，对能源消耗强度的降低起到了决定性的作用。到目前为止，中国的能源消耗强度下降了50%，每年约下降4.5%。

低碳生活宣传画

中国能源消耗强度的降低主要归功于工业能源效率的提高。影响工业能源效率提高的因素有：

（1）结构性因素，即对中间及最终产品和服务的需求变化。它被认为是推动工业能耗降低的主要动力，据估算，以产品种类的变化为主导的工业结构调整占工业能源消耗强度下降总量的70%。

（2）技术性因素，即产品生产及服务中技术的变化和能源管理。它对工业能源消耗强度的下降也起到了重要作用。

虽然中国的能源消耗强度已有了大幅度下降，但中国仍是世界上单位能源消耗最高的国家之一。1995年中国的能源消耗强度是美国的4倍左右，工业在中国经济中的作用大于日本和美国，而中国的工业仍过分依赖于低效率、小规模的生产方式，且能源技术、特别是能源密集型产业和主要能源消耗设备的效率还远远落后于西方工业化国家。

由此可见，中国在减低能源消耗强度方面仍大有潜力。

中国的节能重点为：

（1）燃煤电厂。据统计，1995年全国共有燃煤机组2 910单元，其中装机容量小于100MW者占81.5%，数量众多的小机组是导致中国供电煤耗居高不下和大气污染的主要原因。

（2）工业锅炉。工业锅炉的煤炭消耗量约占中国总耗煤量的30%，是节能潜力最大的终端用能设备。现在中国约有50万台工业锅炉，平均容量仅为2.4t/h，77%以上的锅炉小于4t/h。减少这些量大面广的小锅炉，不仅可使低矮污染源对局部地区环境质量的影响减小，为集中进行二氧化硫排放控制创造条件，也将使工业锅炉的平均热效率显著提高。如果工业锅炉的平均热效率提高到OECD国家的目前水平，中国在1995年能源使用上的一次性节能量可达$7\ 000\times10^4$t标准煤，减少二氧化硫排放量约110×10^4t。

（3）钢铁工业。钢铁工业的能耗占中国总能源使用量的10%左右。在钢铁工业的能源消费量中，煤和焦炭占74.7%。对于重点钢铁工业，能耗最高的工序依次为炼铁、电炉炼钢和焦化。钢铁工业的主要节能措施包括降低铁钢比、推行连铸、减少平炉钢、推广高炉喷煤粉。近年来，由国家专项贷款和企业自筹的钢铁工业节能技术改造投资每年达亿元以上。

（4）建材工业。建材工业能源消费量占全国煤炭消费量17%以上，也是节能潜力较大的工业部门。在许多情况下提高能源效率和节能是减少污染物排放的最有效方法。并且，在所有污染防治技术中节能是最经济的方法，不但减少了温室气体的排放，还节约了能源，具有相当的经济效益。

知识点

《中国21世纪议程》

《中国21世纪议程》是中国可持续发展的总体战略方案，也是中国政府制定国民经济和社会发展中长期计划的指导性文件，又称《中国21世纪人口、环境与发展白皮书》。这是中国政府为履行在1992年6月联合国环境与发展大会上的承诺而制定的，于1994年3月25日在国务院第十六次常务会议上讨论通过。确立了中国可持续发展的4个主要战略目标：①在保持经济快速增长的同时，依靠科技进步和提高劳动者素质，不断改善发展的质量；②促进社会的全面发展与进步，建立可持续发展的社会基础；③控制环境污染，改善生态环境，保护可持续利用的资源基础；④逐步建立国家可持续发展的政策体系、法律体系及可持续发展的综合决策机制和协调管理机制。

低碳生活

低碳，英文为 low carbon 意指较低（更低）的温室气体（二氧化碳为主）的排放，从而减少对大气的污染，减缓生态恶化，主要是从节电、节气和回收 3 个环节来改变生活细节。“低碳生活”节能环保，有利于减缓全球气候变暖和环境恶化的速度。低碳生活可以理解为就是低能量、低消耗、低开支的生活方式。如今，这股风潮逐渐在我国一些大城市兴起，潜移默化地改变着人们的生活。低碳生活代表着更健康、更自然、更安全，返璞归真地去进行人与自然的活动。选择“低碳生活”，是每位公民应尽的责任，也是每位公民应尽的义务。

机动车污染控制

机动车污染与机动车保有量、燃料利用率、燃料性能及交通状况等诸多因素密切相关。随着机动车保有量的迅速增加和城市化进程的加快，中国一些大城市的大气污染类型正在由煤烟型向混合型或机动车污染型转化，机动车尾气排放已经成为主要城市的重要污染源。

与世界平均水平相比，中国的汽车化程度仍然较低。但是由于城市道路建设的速度落后于机动车保有量的增加，交通拥挤一直困扰着大城市。中国主要城市中机动车行驶速度低，在北京市城市中心区高峰期的车速自20世纪80年代以来一直在下降，城市街道交通堵塞不仅造成无效益的等候浪费时间，而且造成燃料的无效利用，使大气污染更加严重。

机动车尾气

在市中心区低速行驶情况下的油耗是在高速公路上自由行驶时油耗的两倍。若车速从20km/h降为15km/h，油耗会因此增加25%。因此，交通堵塞的代价是高昂的。为系统评估中国机动车的单车尾气排污水平，国家环境保护总局组织了典型在用轻型车、重型柴油发动机和摩托车排放因子的试验检测。造成中国机动车污染程度高的部分原因是汽车设计落后，尾气排放标准不够完善。此外，中国燃料性能差也是造成机动车污染的主要原因之一。目前，中国汽油供应中大约一半不含铅，但其中大多数为低标号汽油，主要用于低压缩比的卡车，或者是供出口用的高级汽油。国内供应的90号或更高级别的汽油仅占汽油总消耗量的20%。中国含铅汽油中平均含铅量为0.12g/L，低于亚洲国家的平均水平（0.15g/L），但高于国际标准（0.08g/L）。

中国柴油质量低劣，稳定性低，芳香族成分含量高，从而造成柴油车颗粒物与烟气的排放水平高。另外，中国柴油中硫的含量也偏高。

日益增长的城市人口和家庭收入导致汽车占有量的上升，转而产生更大的旅行嗜好和更多的对道路的需求。日益增加的工商业活动使更多的服务车辆投入城市街道，并且增加货物运输的交通量。面对上升中的交通需求和增长中的负面影响，城市应当重新审查交通需要，协调各方面因素，实现城市的可持续发展。

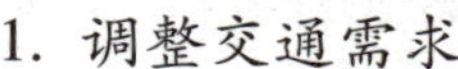

1. 调整交通需求

土地利用和交通综合战略有可能在不增加汽车交通需要的情况下，使得人们更加方便地到达工作地点、商店和其他设施。各种研究报告指出，在居住密度比较高以及工作和住所比较平衡的城市，人们外出的次数少、行程短，可以更多地步行或骑车。以欧洲和日本城市为例，在密度很高的核心区内，居民全部外出行动的30%～60%可以步行或骑自行车。与之相反，澳大利亚和美国分散型的城市则鼓励依靠汽车。

由于城市继续趋向分散，公共交通系统的建设费用和运作费用高昂到使人无法接受，而且分散的居住模式使得公共交通系统对一般乘客很不方便。因此，人口密度小的城市平均每户拥有汽车数量多于人口密度大的城市。

为了保证既满足居民的需要，又控制机动车的保有量，进行合理的城市规划，即调整交通需求是最有效的途径之一。

2. 清洁油品

车用燃料对车辆排放有很大影响，故要有计划地改善燃油品质。1995 年修改后的《中华人民共和国大气污染防治法》规定：“国家鼓励、支持生产和使用高标号的无铅汽油，限制生产和使用含铅汽油”。国家环保局受国务院委托组织了有关 12 个部委，成立了“国家淘汰车用含铅汽油协调小组”，起草了《关于限期停止生产销售使用车用含铅汽油的通知》。要求 1999 年 7 月 1 日起，直辖市、省会、特区等重要城市汽油无铅化；2000 年 1 月 1 日起，汽油生产企业停止生产含铅汽油；2000 年 1 月 1 日起，汽车制造企业生产的新车技术均适用无铅汽油。

改善油品质量的措施还包括取消低辛烷值汽油、提高汽油辛烷值、引进使用汽油发动机清洁剂等。已经在许多国家得到开发的一些低污染的碳氢化合物燃料包括液化石油气（LPG）、液化天然气（LNG）、甲醇、乙醇和生物气体，也是城市机动车可供选择的清洁燃料。

目前我国已制定了一系列加气站、贮气罐、接口等国家标准，并计划选择 3～5 个试点城市，推广清洁燃料汽车的使用。预计这项计划将很快实施。此外，对于特殊种类车辆，通过替代燃料技术可以获得较好的环境效益，如北京市出租汽车仅占总保有量的6% ~7%，但其排放的CO却占总排放的36%，因此可通过对这部分车采取代用燃料技术来减少污染排放。

3. 清洁汽车

为了减少和控制汽车的污染排放，国内外开发了不少有效的净化措施，这些净化措施主要包括：

（1）机内净化：机内净化控制技术是汽车排放控制技术的主要方法之一。该措施是从有害排放物的生成机理出发，对空燃混合气的燃烧方式和过程进行改进，控制其有害物的产生。例如，电子控制燃油喷射、电子点火等措施，是机内净化的有效方法；采用汽油机直接喷射实现分层燃烧，不但可以减少排气污染，而且能提高燃油经济性；通过改变燃烧室的形状、减少燃烧室的面容比、提高燃烧室的壁面温度、改变化油器的结构和调整，也能起到减少发动机排气中有害成分的作用。但是，机内控制排放具有一定的局限性，只能起到部分降低排放污染物的效果，且作用有限（有时因彼此的制约，在降低某些排放物的同时会使其他排放物增加），甚至在降低排放污染物时会影响发动机的其他性能。

（2）机外净化：机外净化方法主要有后燃法和催化转换法两种。后燃法即让高温废气在排气管中进一步燃烧，从而达到降低排放污染物的目的。后燃法主要有加热反应器、二次空气喷射等方法。热反应器及空气注入系统是向排气管内喷射空气，利用排放气体的高温使HC、CO及醛类在富氧的条件下继续燃烧，从而降低HC和CO的排放量。根据发动机的不同工况，空气注入系统由电子控制装置（ECM）适时地供给或切断注入的空气，以满足排气净化的要求。催化转换是在催化剂的作用下，使排放气体中的HC、CO、NO_x通过化学反应（燃烧），然后以CO、HO、NO_x的形式进入大气。虽然目前尚不能完全消除有害气体的排放，但已使有害物质的含量大幅度地降低。催化转化技术是目前应用比较广泛，且技术比较成熟的方法。此外，还可通过控制燃料的蒸发、开发和利用新型低污染车用发动机来减少机动车的污染物排放。

4. 配套法规和标准

实施更加严格的机动车尾气排放标准、加强在用车的监督管理均可以减轻日益增加的汽车对空气质量的影响。根据我国目前的大气环境质量状况和未来的发展预测，按照我国2010年环境质量总体目标要求，已提出了下一阶段不同车型的排放标准建议，预计这套标准将采用电控燃油喷射、三元催化转化器、废气再循环等多项先进的污染控制技术，它不仅有助于降低污染、改善大气环境，而且可以引导和促进我国汽车工业的健康发展。

5. 发展公共交通车

创造清洁健康的城市环境要求政府利用其规划和协调能力于有关的交通管理之中。按照“公交优先”的策略，提供以公共汽车维护的公共交通系统，不仅可降低尾气排放，还将使未来油料的消耗大幅度降低。有人测算，按目前价格，中国到2020年时，“公交优先”策略将只需要300亿美元的汽油和柴油消耗，而在以私人机动车为基础的策略下，汽油和柴油总消耗将达到870亿美元。因此，大力发展公共汽车可以避免汽车对油料过大的需求，并有效控制机动车尾气排放而产生的城市大气污染。

6. 控制私人汽车拥有量

为了保护城市环境，私人汽车的拥有率必须控制在适度的水平。世界上许多国家或城市采取控制汽车价格，通过征收高额汽车购买和财产税，限制私人汽车拥有量。此外，按照“污染者付费”的原则，汽车使用者应当支付汽车排污的社会成本。为了保护城市环境，汽车排污收费应当与燃油价格挂钩。即燃料油价格不仅包括基于燃料本身的总机会成本、油料运输以外消费税，还应包括基础设施附加费和排污费。按国际标准，目前中国汽油和柴油的零售价格较低，不同标号汽油价格之间的细小差异不能反映它们生产成本的差别。柴油价格低于汽油也抑制了炼油厂生产柴油的积极性。

知识点

无铅汽油

无铅汽油是一种在提炼过程中没有添加四乙基铅作为抗震爆添加剂的汽油。无铅汽油中只含有来源于原油的微量的铅，一般每升汽油为1/100克。它的辛烷值为95，比现有其他级别含铅汽油的辛烷值（97）略低。使用无铅汽油能有效控制汽车废气中的有害物质，减少碳氢化合物、一氧化碳及氮氧化物等污染。要减少排污最有效、最简单的方法就是在排气系统中加装催化转换器，而汽油含铅量每升超过0.013克时，就会使催化剂失效，从而达不到控制汽车废气的目的。这个临界量即为界定无铅汽油的标准。使用无铅汽油的汽车，其发动机上必须装有无需铅润滑的硬化阀座。如果没有，便要在每使用数缸无铅汽油后，使用一缸含铅汽油以润滑阀座。其次，催化转换器也须配合一些特殊的发动机系统包括汽油喷嘴及电子点火装置等。现在，大部分汽车可使用无铅汽油，还有一部分汽车需经调校改装才能使用。

延伸阅读

氢能汽车

氢能汽车是以氢为主要能量作为动力的汽车。一般的内燃机，通常注入柴油或汽油，氢汽车则改为使用气体氢。燃料电池和电动机会取代一般的引擎，即氢燃料电池的原理是把氢输入燃料电池中，氢原子的电子被质子交换膜阻隔，通过外电路从负极传导到正极，成为电能驱动电动机；质子却可以通过质子交换膜与氧化合为纯净的水雾排出。这样有效减少了其他燃油的汽车造成的空气污染问题。氢是易燃物，所以人们首先会想到加氢站和氢汽车的安全性。据专家介绍，加氢站内的高压罐和管道的压力虽然高达5 700大气压单位，但科研人员成功地解决了管道压力问题，顾客加氢时绝对安全。氢汽车不以燃烧氢气为动力，而是经由汽车内的燃料电池与氢气反应，产生电流作为动力。

开发清洁能源是防止大气污染的根本出路

目前，在世界能源消费结构中，石油占40%，煤炭占27%，天然气占23%。但是随着人们对环境与资源保护意识的提高，能源结构将会有较大的改变。优质、高效、无污染的清洁能源在21世纪将有长足的发展，这种能源取代的本质是能源的开发利用从资源型向技术型转化的过程，从粗放式利用向高效率利用的转变进程，从污染环境到保护环境的提高过程，可以说新能源的开发与利用将是防止大气污染的根本出路。

新能源一般指太阳能、风能、生物能、地热能、氢能、海洋能等，有的国家将煤炭气化、液化及页岩油、油沙油等也列入新能源之列。

在清洁能源中，名列第一的恐怕是太阳能。据粗略统计，每年太阳照射到地面上的能量要比目前全世界已利用的各种能量的总和还要大1万倍。据记载，人类利用太阳能已有3 000多年的历史。将太阳能作为一种能源和动力加以利用，只有300多年的历史。真正将太阳能作为“未来能源结构的基础”，则是近来的事。20世纪70年代以来，太阳能科技突飞猛进，太阳能利用日新月异。20世纪90年代以后，世界太阳能利用又进入一个发展期，其特点是：太阳能利用与世界可持续发展和环境保护紧密结合，全球共同行动，为实现世界太阳能发展战略而努力；太阳能发展目标明确，重点突出，措施得力，有利于克服以往忽冷忽热、过热过急的弊端，保证太阳能事业的长期发展；在加大太阳能研究开发力度的同时，注意科技成果转化为生产力，发展太阳能产业，加速商业化进程，扩大太阳能利用领域和规模，经济效益逐渐提高；国际太阳能领域的合作空前活跃，规模扩大，效果明显。

风能是地球表面大量空气流动所产生的动能。由于地面各处受太阳辐照后

利用太阳能宣传画

气温变化不同和空气中水蒸气的含量不同，因而引起各地气压的差异，在水平方向高压空气向低压地区流动，即形成风。风能资源决定于风能密度和可利用的风能年累积小时数。风能密度是单位迎风面积可获得的风的功率，与风速的三次方和空气密度呈正比关系。据估算，全世界的风能总量约1 300亿千瓦，中国的风能总量约16亿千瓦。古时候，人们曾利用风力带动风车，进而带动石磨转动，用来磨面。现在，在一些风力资源比较丰富的地区，还可用风能带动发电机发电。海洋能有2种不同的利用方式：①利用海水的动能；②利用海洋不同深度的温差通过热机来发电。前一种又可分为大范围有规律的动能（如潮汐、洋流等）和无规则的动能（如波浪能）两类，它们都可设法直接转化为机械能。

生物质是指通过光合作用而形成的各种有机体，包括所有的动植物和微生物。而所谓生物质能，就是太阳能以化学能形式贮存在生物质中的能量形式，即以生物质为载体的能量。它直接或间接地来源于绿色植物的光合作用，可转化为常规的固态、液态和气态燃料，取之不尽、用之不竭，是一种可再生能源，同时也是唯一一种可再生的碳源。生物质能的原始能量来源于太阳，所以从广义上讲，生物质能是太阳能的一种表现形式。目前，很多国家都在积极研究和开发利用生物质能。生物质能蕴藏在植物、动物和微生物等可以生长的有机物中，它是由太阳能转化而来的。有机物中除矿物燃料以外的所有来源于动植物的能源物质均属于生物质能，通常包括木材、及森林废弃物、农业废弃物、水生植物、油料植物、城市和工业有机废弃物、动物粪便等。地球上的生物质能资源较为丰富，而且是一种无害的能源。地球每年经光合作用产生的物质有1 730亿吨，其中蕴含的能量相当于全世界能源消耗总量的10～20倍，但目前的利用率不到3%。

地热能是一个不可忽视的能源。地球内部储藏着灼热的岩浆，犹如石油一样埋在地底下，这些岩浆可以把地下水变为蒸汽，如果我们钻一口深井，这些蒸汽就可以冲出地面，我们不仅可以用它来推动发电机发电，还可推动一些其他机器运转。据统计，地球上全部地下热水和热蒸汽的热能约相当于地球全部煤蕴藏量的1.7亿倍，但对它的利用，进展比较迟缓。

利用海洋不同深度的温差来达到发电的目的，其潜力也是很大的。据估计，仅仅靠近美国的那一部分墨西哥湾暖流，就可提供超过当今耗能100倍的能量。若是将全世界的潮汐能收集起来，有10亿多千瓦，如能充分利用，每年可发电度数大约相当于目前全世界水电站年发电总量的1万倍，可见海洋能的开发前景是多么辉煌。

另一种大有前途的能源是氢能，作为和电类似的二次能源，它也初露头角。氢能在21世纪有可能在世界能源舞台上成为一种举足轻重的二次能源。它是一种极为优越的新能源，其主要优点有：燃烧热值高，每千克氢燃烧后的热量，约为汽油的3倍，酒精的3.9倍，焦炭的4.5倍。燃烧的产物是水，是世界上最干净的能源。资源丰富，氢气可以由水制取，而水是地球上最为丰富的资源，演绎了自然物质循环利用、持续发展的经典过程。

知识点

二次能源

二次能源是指由一次能源经过加工转换以后得到的能源，例如：电力、蒸汽、煤气、汽油、柴油、重油、液化石油气、酒精、沼气、氢气和焦炭等等。在生产过程中排出的余能，如高温烟气、高温物料热，排放的可燃气和有压流体等，亦属二次能源。一次能源无论经过几次转换所得到的另一种能源，统称二次能源。

延伸阅读

一次能源

自然界中以原有形式存在的、未经加工转换的能量资源，又称天然能源。包括化石燃料（如原煤、石油、原油、天然气等）、核燃料、生物质能、水能、风能、太阳能、地热能、海洋能、潮汐能等。一次能源又分为可再生能源和不可再生能源，前者指能够重复产生的天然能源，如太阳能、风能、水能、生物质能等，这些能源均来自太阳，可以重复产生；后者用一点少一点，主要是各类化石燃料、核燃料。20 世纪 70 年代出现能源危机以来，各国都重视非再生能源的节约，并加速对再生能源的研究与开发。